隈 健一

KENICHI KUMA

ビジネス教養としての

気象学

日本経済新聞出版

はじめに

夏になると、毎年のように猛暑や大雨がトップニュースとして報じられます。地球温暖化という言葉を聞かない日はありませんし、エルニーニョやラニーニャ、世界の異常気象や気象災害といったニュースも日常になってしまいました。2023年の7月には国連の事務総長から、「地球沸騰化の時代に入った」と衝撃的な文言が世界に伝えられました。

温室効果ガスの排出削減に向けた太陽光発電や風力発電の施設は、地方に行くと当たり前の光景になりました。自動車のＥＶ化の動きも世界で加速しています。皮肉なことに太陽光発電や風力発電は気象任せの仕組みであり、気象が読めないと電力需給のコントロールが難しいことも知られるようになりました。

地球温暖化により、すでにさまざまな分野に影響が出始めています。北日本ではサケに代わって暖流系のブリが獲れるなど、地域の水産資源の種類が変わりつつあります。暑さに強いコメへの品種改良も進められています。

猛暑日の増加とともに熱中症の緊急搬送が急増し、さまざまな立場で熱中症対策が進められています。また、気象庁のアメダスの観測によって大雨の頻度が増えてきていることもわかってきました。ハードとソフトの両面から防災対策が進んでいます。気候の変化を背景に、地場産業の見直しから災害に強いまちづくりに至るまで、長期的な取り組みが地域ごとに必要になってきています。

日本の四季と景観は、世界の中でも美しく豊かなものです。これは日本列島における気象・海洋や地震・火山の恵みが関係しています。一方で地震・火山はもちろん、気象・海洋にも災いの要素が多くあり、我が国の宿命でもあります。私たちは、恵みと災いの両面を持つ気象と賢く付き合っていく必要があります。

テレビやネットでさまざまな気象情報に接することが多くなりました。その中には誤った情報もあり、過剰にアピールされることもあります。正しい情報を選択して最適な判断を下すためには、気象に対する基本的な理解度を高めておくことが重要です。

気象情報や気象データを使う際、難しい点の一つに、誤差を含む予測情報の扱いがあります。気象予測がどのような原理で作成され、誤差がどのように発生するのかを知っておくことで、気象情報・データへの理解が進むと考えます。このため、本書では気象庁で気象データがどう作成されているのかという説明に多くのページを使いました。

私たち日本人が気象情報と賢く付き合うことで、気象の恵みを最大限受けながら、気象の災いを最小限にできることを願っています。本書がその一助となれば幸いです。

（本書の敬称は一部を除き省略しています）

ビジネス教養としての気象学　目次

第2章　天気予報はどのように行われているのか

第3章 なぜ、異常気象や温暖化が起きているのか

第4章 気象データはどのように作られ、活用されているのか

序章

なぜ、気象を知ることが大切なのか

SDGsの土台に位置する気候変動

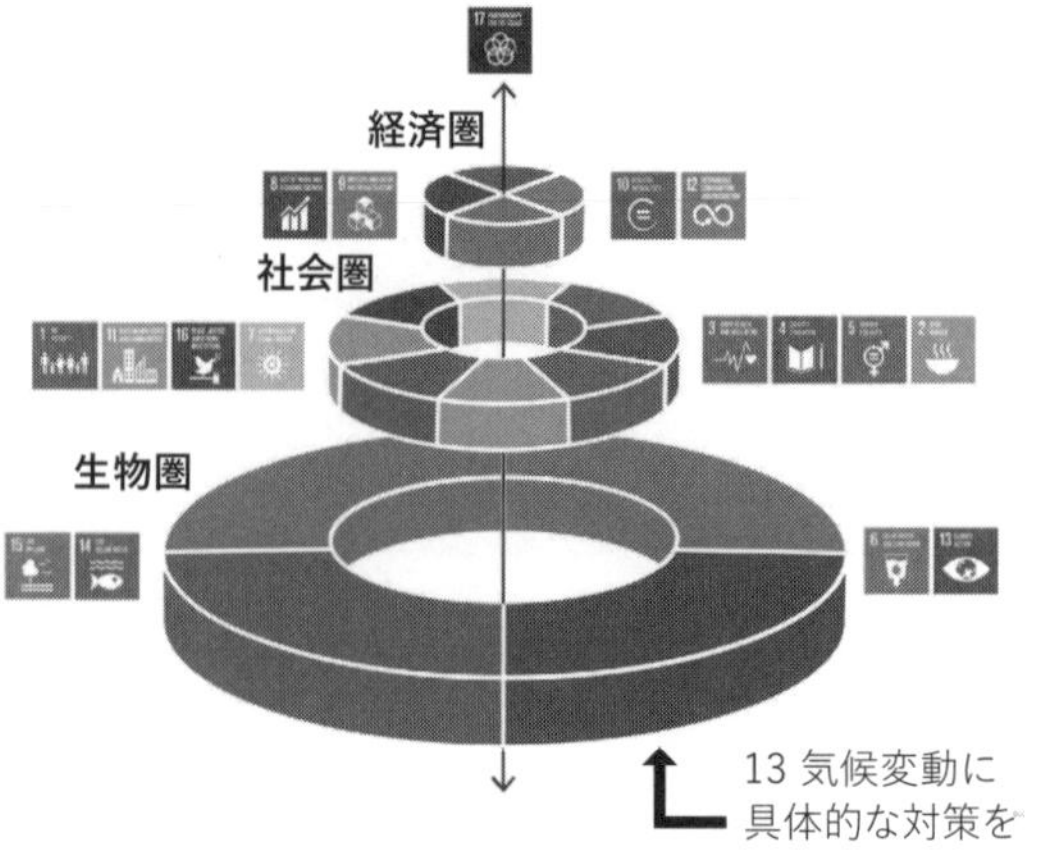

図表0−1　SDGsのウェディングケーキ構造

（出所）「The SDGs wedding cake」（Stockholm Resilience Centre）に加筆

持続可能な開発目標（SDGs：Sustainable Development Goals）は、人類がこの地球で暮らし続けていくために、私たちが2030年までに達成すべき国際的な目標です。SDGsは2015年9月の国連持続可能な開発サミットで採択された「持続可能な開発のための2030アジェンダ」に記載されました。

SDGsの中には、目標13「気候変動に具体的な対策を」があります。私たち一人ひとりが、この目標の意味を生活や仕事の中で理解していくことが求められています。本書のねらいの一つはそれをお手伝いすることです。

SDGsを説明する際、ウェディング

ケーキ型の図を使って目標全体の構造を示すことがあります（図表0－1）。ケーキは3層になっていて、下から順に、生物圏、社会圏、経済圏です。

生物圏は、生物が存在している地球の地表面と大気圏に相当します。地球とは宇宙を航海する船であるという「宇宙船地球号」のイメージは、1960年代以降定着しました。社会も経済も地球環境の中に存在しています。

目標6の「安全な水とトイレを世界中に」、目標14「海の豊かさを守ろう」、目標15「陸の豊かさも守ろう」、目標13「気候変動に具体的な対策を」、これら4つの生物圏目標が全体の土台となっています。4つはそれぞれが深く関係しており、目標13を達成しなければ他の目標の達成も難しくなるという関係にあります。

目標13「気候変動に具体的な対策を」の理解を深めるため、次に気象が生物圏全体と社会・経済に及ぼしている影響を説明します。

気象、気候、天気、天候

気象（meteorology）、気候（climate）、天気（weather）、天候など、よく似た言葉がいくつかあります。まずはこれらの言葉の意味を説明します。

私たちがもっとも親しみのある言葉は「天気」でしょう。毎日の天気予報で、「雨が降ります」とか「北風が強く寒くなります」と伝えられる内容が「天気」です。「気候」は天気を長期間の平均で見たものです。どれくらいの長さで平均とするかは、目的によって変わってきます。

ところが、日本語の「気象」は、狭い意味では「天気」に近い使われ方もされます。「気象・気候」のように「気候」と区別されることもあります。英語の meteorology（気象）は、もともとギリシャ語が起源で、天空の学問という意味から気象学を指すようになりました。「天気」と「気候」を包含する概念です。

「天候」は、文字通り「天気」と「気候」の中間的な概念です。「天気」よりは長い期間を指すが、長期間の平均である「気候」とは異なり、1週間なり1カ月程度の直近、あるいは今後の気象状況を指すことが多いです。

世界の気象機関における表現もさまざまです。米国の国立気象局は、National Weather Service、欧州中期予報センターは European Centre for Medium-Range Weather Forecasts（ECMWF）と、weather（天気）が入っています。英国では Met Office、フランスでは Meteo France と meteorology（気象）を冠した名称も多く、日本も気象庁（Japan Meteorological Agency）です。世界気象機関も World Meteorological Organization（WMO）です。

近年、気候変動や異常気象という言葉がよく使われるようになりました。気象庁の定義による異常気象とは、ある場所（地域）・ある時期（週、月、季節）で30年に1回以下で起きる現象です。

なぜ30年なのかといえば、平年値としての気候を定義するにあたり、30年平均を使っているからです。異常気象は、エルニーニョや偏西風の蛇行など、自然変動として発生する現象が基本であり、これらを含め気候変動と呼びます。

一方、地球温暖化議論のキーワードで、SDGsの目標13にあるClimate changeは、直訳すれば（人間活動に伴って発生する）「気候変化」なのですが、日本では「気候変動」と訳され、定着しています。

英語では、Climate variabilityが本来の「気候変動」に対応し、Climate changeは30年より長い時間での変化を指します。

以下、本書では、「気象」を「気候」を含む広い概念として使います。「気候変化」と「気候変動」の厳密な整理は難しいのですが、可能な限り「人為的な背景から発生する気候変化」と「自然変動として発生する気候変動」とを区別するようにします。

生物圏に及ぼす影響

さまざまな気象要素のうち、生物圏に及ぼす影響がいちばん大きいのは気温です。降水や日射量などの気象要素も生物の生存を左右します。

地球は太陽から適度な距離にあり、適度な温室効果ガスに覆われています。それによって地球上の大半の地域の気温は、生物が生存するのに望ましい範囲にあります。

気温や降水量、風、日射量などの気象要素は、海や陸の環境に大きく影響します。適度な気温と降水、日射を受けて、植物の活動は活発になります。植物の光合成によって作られた酸素が大気中に適度に含まれることによって、生物は呼吸をし、生命を維持することができます。上空の酸素は太陽の光を受けてオゾンとなり、上空数十キロメートルの高さにあるオゾン層は、生命に有害な紫外線から地上の生命を守る役割を果たしています。

陸上における適度な雨は、植物や動物の命を支え、人類にとっては農作物の生産や、蛇口をひねれば水が出る水道の仕組みにもつながっています。海上を吹く風は、地球の自転や地形の影響を受けながら、黒潮やメキシコ湾流などの海流を生み出しています。

こうした海洋環境のもとで、さまざまな水産資源が私たちの恵みとなっています。また、大気と海とが相互に影響し合うことで、エルニーニョ・ラニーニャ（第3章で詳説）のような、熱帯における大きな海洋変動を発生させ、日本などの中緯度地域の気候へも影響を与えています。

社会・経済圏に及ぼす影響

次に、気象が及ぼしている社会・経済圏への影響を述べます。図表0－2にさまざまな気象

気象要素等	社会、産業等への影響
気温	生存環境の基本要素（衣服、空調）、農業、流通
降水	農業、建設業、交通、水資源、水害、観光、イベント
雷、突風	電力、交通、雷災害、突風災害
雪	生存環境、雪害（含交通障害）、水資源
風	暴風害、風力発電
風（移流拡散）	火山灰、黄砂、放射性物質、etc.
日射	農業、太陽光発電、観光
湿度	気温とともに生存環境に寄与、（森林）火災
海洋（海水温、海流、潮位、波浪）への影響	水産業、船舶交通、高波・高潮災害、潮流発電、洋上風力発電
上空の気象状況	航空交通

図表0−2　各種気象要素が社会、産業等に及ぼす影響

要素と社会、産業への影響をまとめてみました。

気象は人類の誕生から今に至るまで、戦争にも影響を与えてきました。19世紀に起きたクリミア戦争は、近代的な天気予報が始まるきっかけになりました（第2章参照）。

風力発電や太陽光発電のように、近年、気象情報へのニーズが飛躍的に拡大した分野もあります。また、多くの社会分野では地上付近の気象にニーズがありますが、航空分野については、上空の気象にも高いニーズがあるのが特徴的です。

さらに、気候変化が自然変動と重なることによって、異常気象が頻発するようになり、社会への悪影響が懸念されています。SDGsのウェディングケーキ図は、気候変動への対策が社会・経済圏における目標達成の土台にあることを示しています。そして「はじめに」で述べたように、気象と私たちの生活との間には恵みと災いの両面がありますが、**図表0－2**からもそれが読み取れると思います。

第1章

気象を理解するための基本のきほん

大気の温度を決めている要因

「生物圏としての気象環境」を理解するため、地球と宇宙間の熱のやりとりについて説明しましょう。

まず、大気という言葉ですが、本来の意味は天体を取り巻く気体の層のことです。大気がなぜ天体の周りに存在し、宇宙へ拡散していかないのかといえば、万有引力によって、天体が大気を引きつけているからです。

太陽系にある惑星は大きさや太陽からの距離などの違いがあり、さらにそれぞれの惑星が辿った歴史の違いによって、今の大気が存在していると考えられます。

太陽から惑星へ降り注ぐエネルギーは、惑星と太陽の距離で決まります。太陽からの距離が倍になれば、太陽から届くエネルギーは4分の1になります。太陽からの距離が地球の半分以下である水星は、灼熱の惑星です。地球の約1・5倍の距離にある火星は低温で、水や二酸化炭素が氷（固体）の状態で存在しています。

太陽からは、可視光線や紫外線がエネルギーとして降り注ぎ、一部は地表面や氷、雲などで反射されます（反射の割合をアルベドと呼びます）。

一方、地球からは宇宙に向け赤外線という形でエネルギーが出ていきます。地球の温度をお財布に例えると、「収入」は太陽からのエネルギー（日射）から反射分を除いた分で、「支出」

は赤外線として宇宙へ出ていく分です。双方がバランスした結果、財布の中身である地球の表面温度が決まります。これを放射平衡温度と呼びます。

地球の放射平衡温度はマイナス20度近くの極寒です。地球の平均温度は15度前後なので、実際の温度は放射平衡温度よりずいぶん高くなっています。

この差が生じているのは、地球大気にさまざまな温室効果ガスがあるためです。お財布の例えで説明すれば、財布の中からお金がそのまま出ていくのではなく、少し節約しているので、その分財布の中身が多めに維持されているのです。

金星は、放射平衡温度と実際の温度の差が顕著です。温室効果ガスである二酸化炭素が高濃度で大気に含まれる金星では、地表面から出ていくエネルギーの多くを温室効果ガスが抱え込んでいます。宇宙に出ていくエネルギーが小さいため、惑星の大きさや太陽からの距離も、地球とそれほどは変わらないのにかかわらず、金星は地球よりはるかに高温です。

ここまでの説明は、高さ方向の大気の広がりをあまり意識せずに記述してきました。ここからは地球の大気について、高さ方向の構造の説明をします。

図表1－1は、地上から高さ80キロメートル付近までの大気の温度を示しています。北極や赤道付近などの地域、季節によってグラフは変わります。このデータは気温分布として標準化されているもので、おおよその目安として見てください。

地上から11キロメートル付近までの気温は、上空へ行くほど下がり、そこから50キロメートル付近までは上空に行くほど上がり、さらにその上では上空へ行くほど下がります。これらの3つの層をそれぞれ対流圏、成層圏、中間圏と呼びます。

対流圏では、上方ほど気温が下がります。これは高い山に登った時に体感できます。平均で1000メートル上がると、約6度気温が下がります。

冬に暖房をつけた時に体感できるように、暖かい空気は軽いので上へ向かい、冷たい空気は重く下へ向かいます。対流圏では上へ行くほど冷たいので、上空の冷たく重い空気は下へ、地表面近くの暖かく軽い空気は上へと、すぐにひっくり返りそうにも思えますが、そうはなりません。その理由を**図表1－2**を用いて説明します。

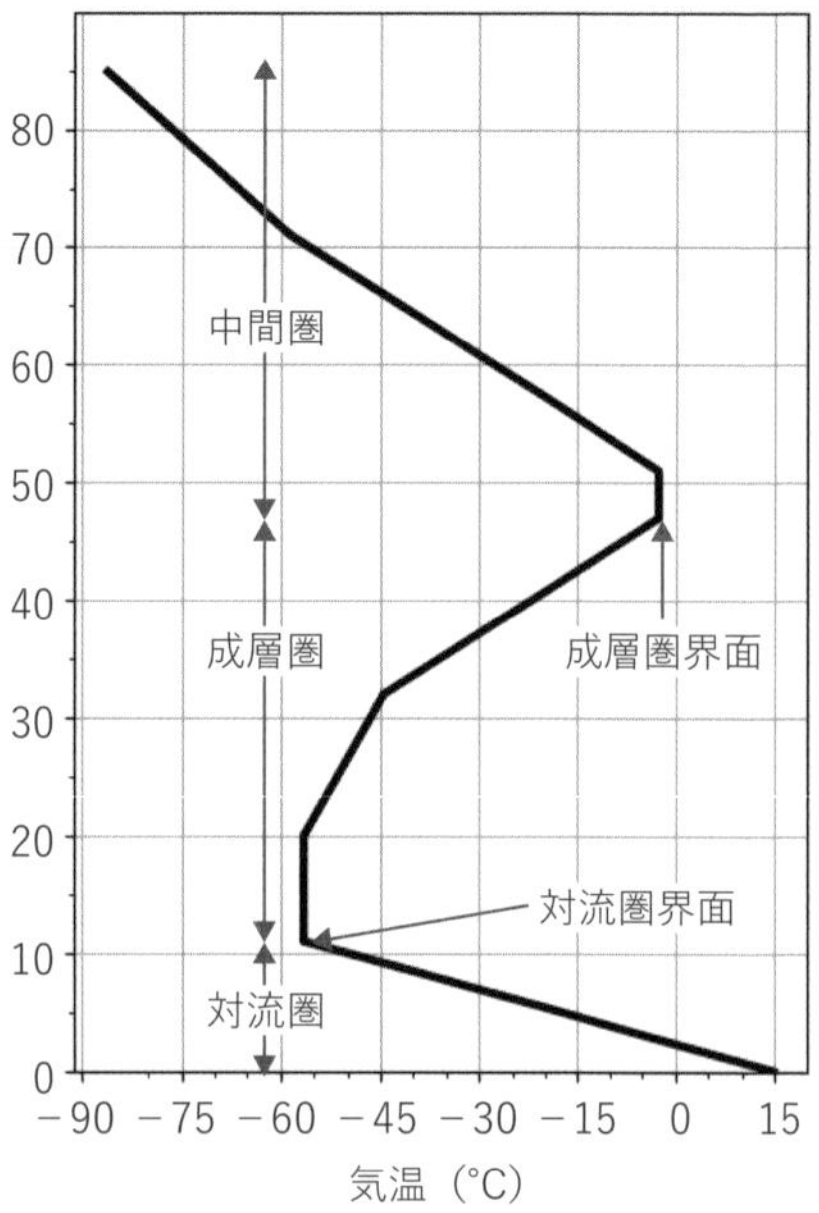

図表1−1　気温の鉛直分布と大気層の分類

（出所）米国標準大気モデル1976のデータから筆者が模式化した図

地面付近の暖かい空気が上昇すると、周辺の気圧は低くなります。すると、上昇した空気は風船が大きくなるように膨張します。膨張するとその空気は冷えます。

地面付近で暖かく軽かった空気は、少し上空に行くと冷えて周りの空気より重くなるので、もう上昇することはできず、下降します。なお、空気は膨張すると冷えて、圧縮すると熱くなります。自転車の空気を入れる時、空気を圧縮すると熱くなることを体験できます。

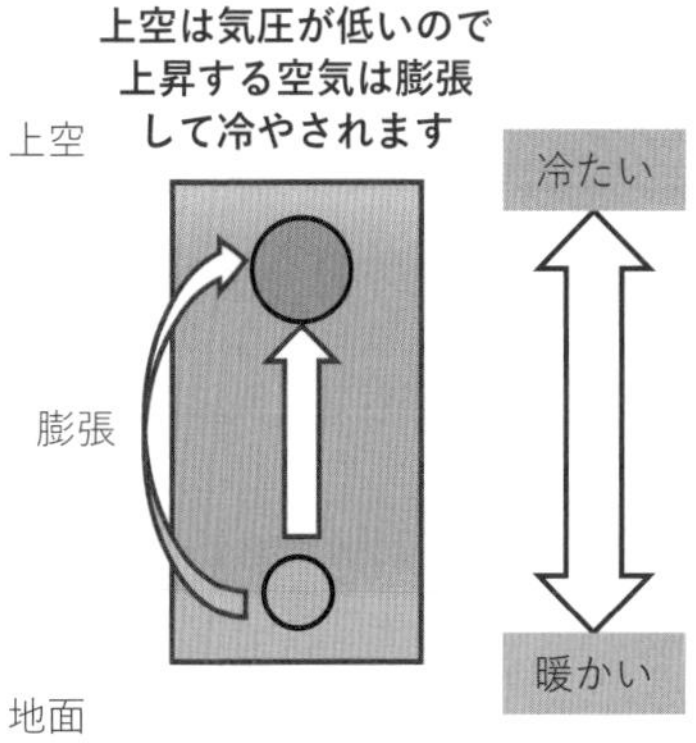

図表1−2　上空のほうが空気が冷たく重いのに、空気がなかなか対流しない理由の概念図

対流圏という言葉には、上空の空気と地表面付近の空気が対流するイメージがあります。この説明では、そう簡単には対流しないということになりますが、ではどのように対流が起きているのでしょうか。

ここで地球という惑星を特徴付けている水の存在が重要になります。海から水蒸気が蒸発し、水蒸気は雲となって雨を降らせ、雨水は川を流れて海に戻るという水の循環があります。この水の循環のおかげで地球上の多くの生命が維持されています。

水蒸気が雲、すなわち液体の水に変わることを凝結といいます。空気が上昇すると膨張により冷えるのですが、雲ができる時には凝結に伴う熱が発生しますので、この冷え方が小さくなります。その結果、上昇した空気が周りの空気よりも暖かくて軽くなることがあり、その場合はさらに上昇していきます。

水蒸気を含む空気は上空10キロメートル程度まで凝結しながら上昇し、水や氷の粒が集まった積乱雲となります。これが対流圏における対流の代表的なものです。水惑星である地球の大気の大きな特徴でもあります。

対流圏の気温構造は、こうした積乱雲による対流の結果なのです。対流圏と成層圏との境目を対流圏界面と呼びます。熱帯の対流圏界面は15キロメートル以上にあり、南極・北極付近では10キロメートル以下にあります。水蒸気の凝結を伴う対流がどの高さに及んでいるかで決まってきます。

対流圏の上の成層圏は、富士山などの成層火山のように、層が積み重なっているイメージの用語です。上空ほど暖かい（軽い）空気があり、対流圏のようにひっくり返ることはありません。50キロメートル付近に向け気温が上昇していく理由は、成層圏にはオゾン層があり、オゾンの化学変化に太陽放射が関わることで、大気が加熱されるからです。

オゾン層は地上に向かう紫外線をさえぎっています。紫外線は生物にとって有害であることから、オゾン層は地球の生命にとってきわめて重要です。植物が地球に登場して光合成という仕組みが生まれ、光合成によって発生した酸素が上空で太陽からの紫外線により、オゾンに変化し、オゾン層が生まれました。地球大気そのものが生物圏の中にあるという一つの好例です。

この生物にとって大切なオゾン層が、不燃性の安全なガスであるフロンガスにより破壊されることがわかってきました。1980年代にウィーン条約やモントリオール議定書が取り交わされ、国際的な取り組みのもと、フロンガスの規制が進められ、地球環境問題を解決に導く成功事例となりました。

成層圏の上は中間圏です。中間圏は上方に行くほど気温が下がります。また、地上から中間圏までは、酸素や窒素など水蒸気以外の大気の割合がほぼ均質で、よく混じり合っていることがわかります。

中間圏の上は熱圏と呼ばれています。熱圏では、軽い気体ほど高いところに多く存在します。また中間圏の上部から熱圏にかけては、紫外線、X線などを受け、気体分子がイオンと電子に分離（電離）した状態になっている層があります。これを電離圏と呼びます。

短波通信の電波が地球の裏側まで到達するのは、電離圏と地面との間で電波が反射しながら遠くまで伝わるからです。太陽活動の変化により、太陽からエネルギーの高い粒子が大量に飛来すると、電離圏が大きく乱れることがあります。第2章で述べる「宇宙天気予報」はこうした上空の電離圏の乱れを予報しようというものです。

太陽からの日射が地球の気候に与える影響

図表1－3は、気象衛星ひまわりの、12月の冬至、日本時間朝6時におけるトゥルーカラー再現画像（人間の目で見たような画像を再現したもの）です。太陽は右側にあって、太陽の光が地球に届いています。月で言えば半月です。しかし、月とは違って水の惑星である地球では、雲の模様が特徴的です。雲は太陽の光を反射するので、雲の色を見れば太陽光が当たっているところとそうでないところがわかります。

地球の自転軸である地軸は傾いています。地球の南半球（赤道より南の部分）は赤の半円部分です。冬至の時期には、南半球に太陽の日射がより多く注いでいることがわかります。地球が約23・4度の地軸の傾きを維持しながら太陽の周りを1年かけ公転していることによって、冬至には南半球、夏至には北半球側に日射が多く注ぎ込み、1年周期の季節変化が生じます。

また、1年を通し、赤道近くでは太陽は真上から照りつけますが、高緯度ほど斜めに太陽光が当たっています。1日の中でも、太陽が真上近くから照りつける正午前後と、太陽光が斜めに入る朝や夕方では、太陽から受け取る熱が大きく違うことは体感できるでしょう。

太陽から受け取るエネルギーは、赤道付近の熱帯では大きく、北極、南極近くの寒帯では小さくなります。このことが、赤道に近い熱帯は1年中暑く、高緯度帯に行くほど寒くなる（特に冬季）理由です。

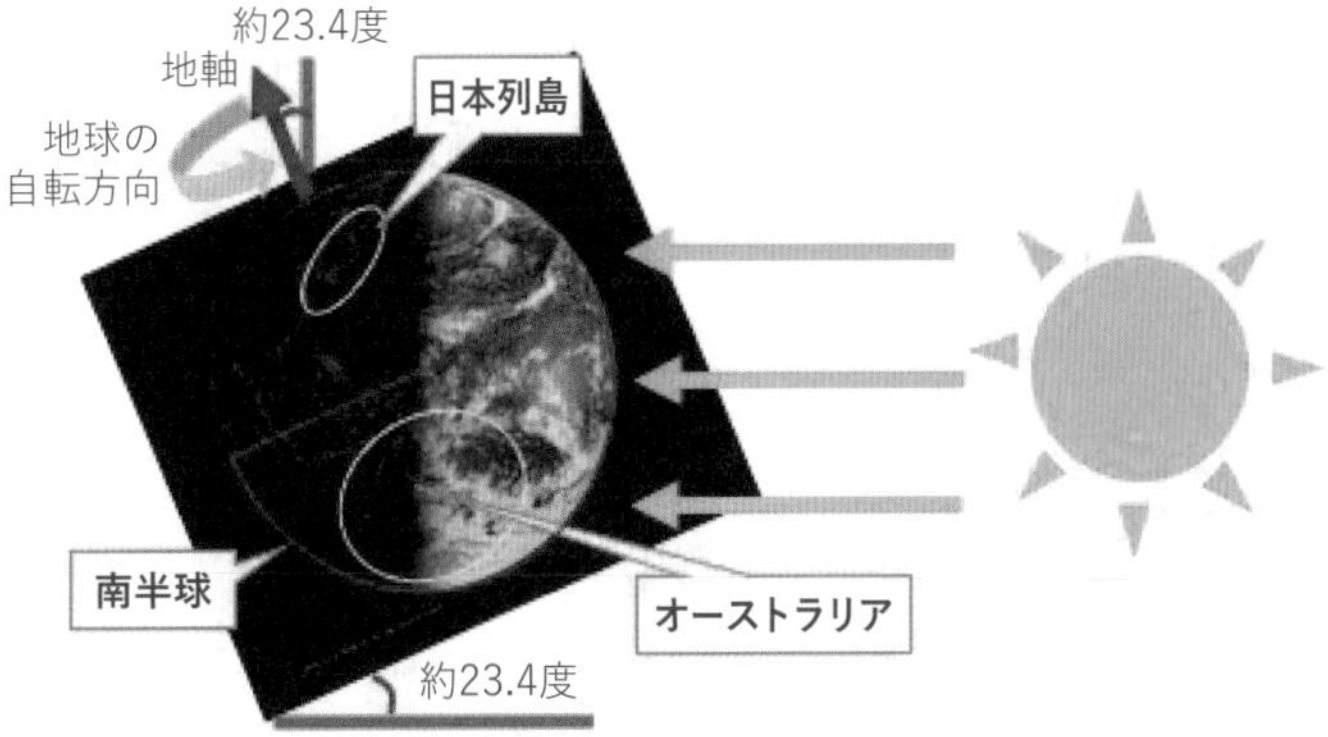

図表1−3　冬至における日射の地球への当たり方

（出所）衛星画像は気象庁ホームページより その他は隈作成

図表1−4　5月のある日のひまわり赤外画像

（出所）気象庁ホームページより

ひまわりの画像には、地球から出ていく赤外線を示す赤外画像（図表1－4）があります。この画像では、太陽光の当たらない夜でも雲の状況がわかります。

雲のないところでは、海面や陸上の高い気温に対応して強い赤外線が宇宙に出ていきます。一方、雲のあるところでは、雲頂から宇宙に赤外線が出ていき、海面や陸より雲頂付近の気温が低いので弱い赤外線となります。

このように雲の有無によって観測される赤外線の強さが変わります。これが赤外画像によって雲を観測できる原理です。熱帯に多くある白く輝く雲は、高さ10キロメートル以上に及ぶ積乱雲とそれに伴う雲で、高度が高いことから気温は低く赤外線が特に弱くなります。

日本付近でも、夏季には背の高い積乱雲が立ち、集中豪雨の原因になりますし、暑い日には積乱雲による夕立もよくあります。気温の高い時期には、地表面近くの水蒸気量が多くなり、積乱雲が発達しやすいのです。熱帯の多くの地域では1年中、日本の夏のように気温が高く、水蒸気が多いので、年間を通し積乱雲が発達しやすい条件が整っています。

太陽からの日射を多く受ける熱帯地方では、海も暖められています。**図表1－5**は5月の海の表面温度の平年値です。熱帯の中でも水温の高いところと比較的低いところがあります。インドネシアの周辺地域は特に水温が高く、赤道付近の太平洋中部以東は、比較的水温が低くなっています。**図表1－4**を見ると、積乱雲の活動が盛んなのは、低緯度の西太平洋からインド洋にかけてです。これらの地域は海水温の高い地域です。

1年間を平均すると低緯度では太陽からの日射を多く受け、高緯度では日射が少ないので、熱帯はどんどん暑くなり、高緯度でどんどん寒くなっていくようにも思えますが、そうはなりません。なぜなら熱帯地方から高緯度に向けて、大気が熱を運んでいるからです。

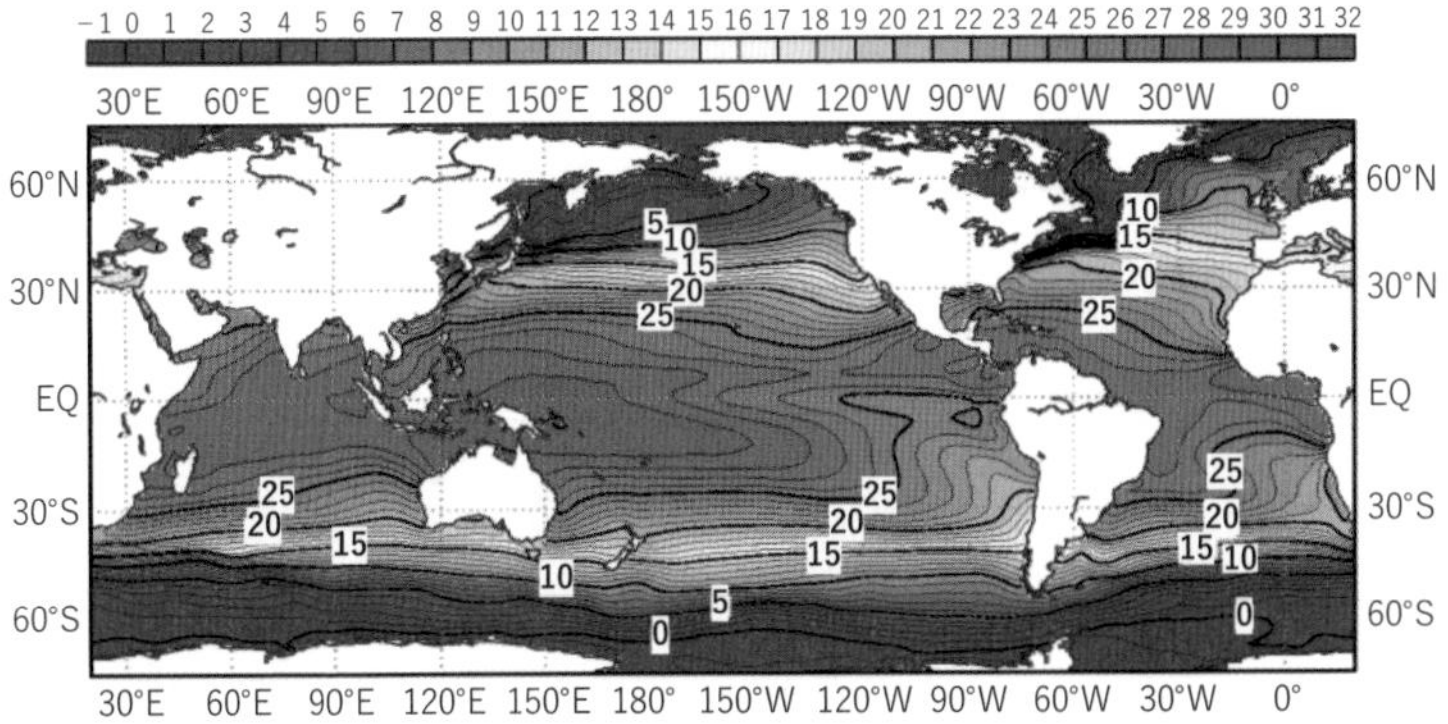

図表1−5　5月の海の表面の水温（海面水温）平年値の分布

（出所）気象庁ホームページより

大気の流れの駆動力は、太陽からの日射量の違いによる南北の温度差と地球の自転の影響です。熱帯では積乱雲の活動が盛んで、上昇気流があります。対流圏界面近くまで上昇した空気は、北半球側では北へ向かいます。「角運動量保存則」により空気は北に行くほど西風が強くなって、北緯30度付近で亜熱帯ジェット気流と呼ばれる強い偏西風を上空に形成します。

角運動量保存則は、「回転軸からの距離に回転する方向の速度を掛け算したものは一定」という法則です。回転半径が半分になれば、回転方向の速度は2倍になります。

これはよく、フィギュアスケートのスピンに例えられます。フィギュアスケートの選手が広げていた腕を閉じて上方に伸ばすと、回転は速くなります。地球は赤道付近が一番大きな半径となって回転していますが、北緯30度では約0・866倍の半径にまで小さくなります。

赤道付近では無風だったとしても、地球が回転していますので、大気は約460メートル／秒で西から東へと回っています。この空気が北緯30度に来ると、回転半径が小さくなるので、角運動量保存則によって、約531メートル／秒で回ることになります。

北緯30度における地球の回る速度は、回転半径が小さくなることを考慮すると、398メートル／秒となります。すなわち531から398を差し引いた133が、地球に対して相対的に大気が動く速さ、すなわち風速となります。

ですから、赤道で西風が0メートル／秒だったとしても、空気が北緯30度に移動すれば、約133メートル／秒の西風となります。これが北緯30度付近上空に亜熱帯ジェット気流が存在する理由です。上空で北に向かった空気の流れは、北緯20度から30度にかけて今度は下降します。この地域は下降気流のおかげで雨が少なく、亜熱帯高圧帯と呼ばれています。

先ほどの赤外画像では、北緯20度付近で東西に雲の少ない領域が広がっています。サハラ砂漠やオーストラリアの砂漠など陸上の砂漠地帯の多くは、亜熱帯高圧帯にあります。

亜熱帯高圧帯で下降した空気は赤道方向に向かい、今度は角運動量保存則によって東風になります。この海面近くの東寄りの風が偏東風で、歴史的には貿易風とも呼ばれます。

貿易風という言葉は、常に同じ方向に吹き、航海に使われたところから来ています。偏東風は赤道に向かう流れであり、北半球では北東風、南半球では南東風になります。

北半球からの北東風と南半球からの南東風は、赤道の近くでぶつかることによって上昇気流となり、積乱雲を活発化させます。南北の貿易風が収束する東西帯状の領域で積乱雲が発生することから、熱帯収束帯とも呼ばれています。

まとめると、熱帯収束帯では積乱雲が活発で上昇気流が強くなり、それが上空で高緯度に向かい、亜熱帯高気圧帯で下降、赤道方向に向かって偏東風となり、南北両半球からの偏東風がぶつかって熱帯収束帯として積乱雲が活発になる、という形で循環が一巡します。

この一連の循環は18世紀前半に提唱した英国人のハドレーの名をとって、「ハドレー循環」と呼ばれています。ハドレー循環は、赤道付近から亜熱帯に熱を運ぶとともに、逆に亜熱帯から赤道付近に水蒸気を運びます。

前者は地球の熱バランスの維持という観点で、後者は赤道付近における積乱雲の活動を支え、ハドレー循環を維持するという意味で重要です。さらに角運動量保存則によって、ハドレー循環が亜熱帯ジェット気流や偏東風を形成していることも重要です。

低気圧・高気圧を天気図で見る

熱帯から亜熱帯のハドレー循環に比べると、温帯で高緯度に熱を運ぶ仕組みは少々複雑です。中緯度の上空では、亜熱帯ジェット気流やその北にある寒帯前線ジェット気流といった強い西風（偏西風）が吹いています。

偏西風の下では、南北の温度差が大きくなっています。詳しい説明は省きますが、これを「温度風の関係」と呼んでいます。偏西風の吹く地域では中緯度の日々の天気を左右する低気圧、高気圧が発生し、発達します。

低気圧や高気圧は、天気図で読み取ることができます。ここで天気予報や気象の理解に不可欠な天気図について簡単に説明しましょう。

天気図には地上天気図と高層天気図があります。地上天気図は、地上で観測した気温や風、気圧などの観測点データに基づき、面的な気象状況がわかるように平面図にしたものです。

高層天気図は、たとえば気圧が500ヘクトパスカル（地上5500メートル付近）の面的な気象状況を、気温や風などの上空の観測に基づき、平面図にしたものです。

天気図がどのように作成されているかは第2章で触れます。ここでは普段テレビの天気予報で目にすることの多い地上天気図を使って、天気図の見方を説明します。

天気図の中にある曲線は等圧線です。文字通り気圧の等しいところを結んだ線で、等高線の描かれた地形図のイメージに近いものです。気圧の高いところは、地形図の山（尾根）に相当し、気圧の低いところは谷に相当します。実際、山を高気圧、谷を低気圧と呼び、天気図では「高」「低」という文字で示されます。

天気図における等圧線により、高気圧や低気圧の状況を把握することができます。また等圧線の様子から風の吹き方もある程度わかります。

理系の基礎知識のある方なら、気圧とは空気の圧力なので、高気圧から低気圧に向けて力が働き、風も高気圧から低気圧の方向に吹くのではないかと思うかもしれません。確かに力の方向はその通りなのですが、このスケールの現象には、さらに地球の自転影響である「コリオリ力」という力が働きます。

風の吹く方向に対し、北半球では右方向直角にコリオリ力が働きます。気圧の力（気圧傾度力）とコリオリ力が釣り合うように風が吹く様子を図にまとめてみました（**図表1－6**）。

まず、気圧による力（気圧傾度力）は気圧の高いほうから低いほうに向かって（図では下から上へ）働きます。一方、地球の自転の影響で空気が動く際には、北半球では動く方向に対し右側直角方向にコリオリ力が働きます。

高気圧や低気圧といった大きさのスケールの現象では、気圧傾度力とコリオリ力が釣り合ってバランスを保っていることが知られています。上に向かって働く気圧傾度力と釣り合うためには、コリオリ力は上から下へ働きます。このようなコリオリ力が働くためには、風としては西から東に（図表では左から右へ）吹くことになります。

図表1－6にあるように風は等圧線に沿って気圧の高いほうを右に見て吹きます。この結果、低気圧の周りでは反時計回りの風が吹きます。南半球では、地球の自転の影響が反対になるので、風は時計回りになります。

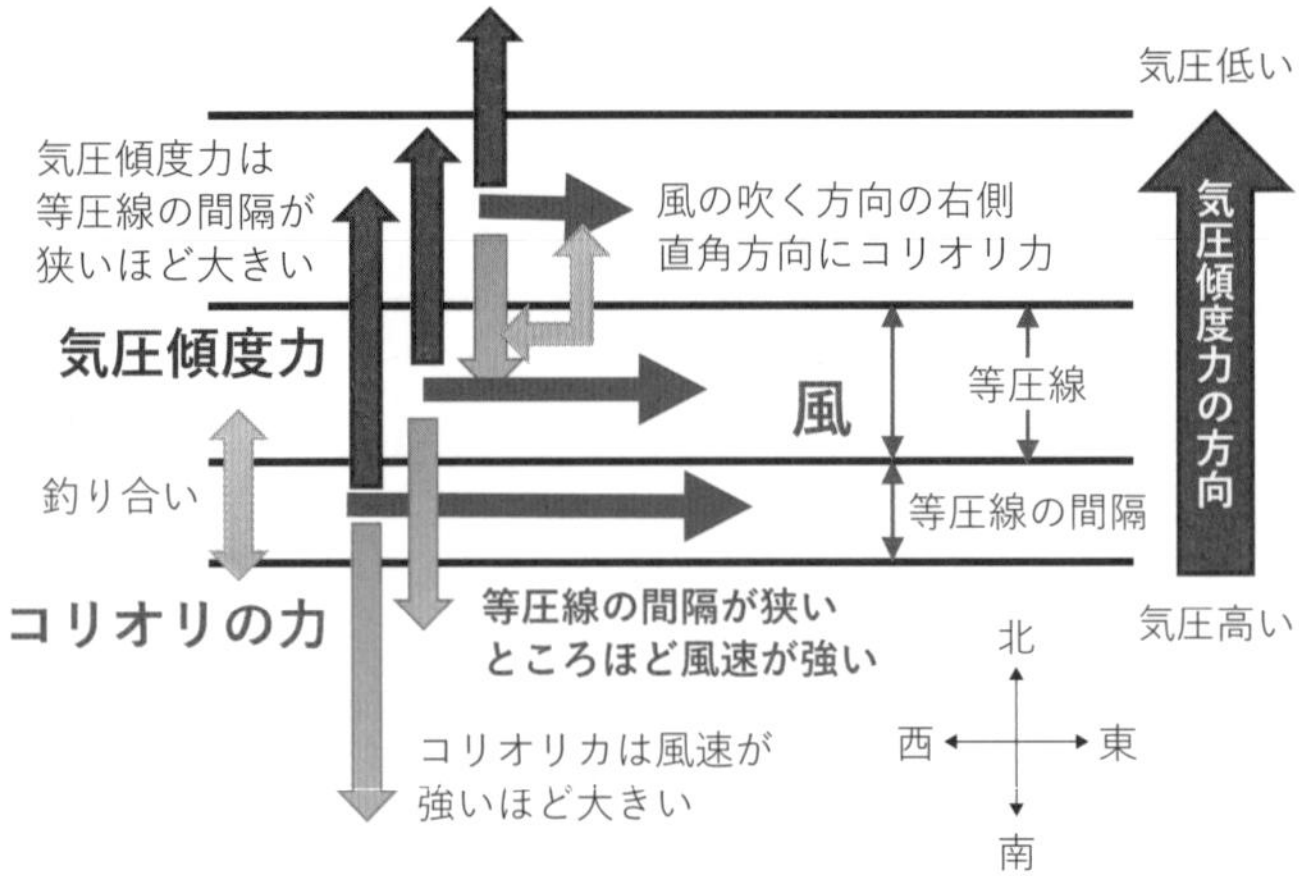

図表1−6　北半球での等圧線と風の吹き方との関係についての概念図

気象庁のホームページやテレビの天気予報の天気図では、主に4ヘクトパスカルごとに等圧線が引かれています。等圧線の間隔が狭いところは、気圧の傾きが大きく（気圧傾度力が強く）なり、風が強く吹きます。

このように等圧線の様子から、風の吹く方向や風の強さがわかります。なお、上空の天気図では、等圧線に沿って風が吹くのですが、地上付近では地表面との摩擦の影響で、等圧線の向きよりもやや低気圧に吹き込むように風の方向が変化します。

実際の天気図を見てみましょう。**図表1−7**は2017年12月25日の天気図です。北海道の西側は等圧線の間隔が狭く、976という数字が入った低気圧があります。この数字は低気圧の中心気圧で、単位はヘクトパスカルです。この値が小さいほど発達した低気圧であることを示しています。

等圧線が混み合っていることは、風が強いことと対応します。日本海では南北に等圧線が何本も描かれています。基本は等圧線の方向に気圧の高いほうを右にして風が吹きますので、風は北から南へ吹きます。地表面の摩擦の影響を受けて、等圧線の向きよりも若干低気圧側に吹き込みますから、北西から北北西の風が吹いていると推測されます。

日本付近では、西が高く東が低いことから、西高東低の気圧配置と呼ばれます。大陸からの冷たい空気が日本海を通って日本に吹き込み、日本海側では雪が降りやすく、太平洋側では乾いた晴天になりやすくなります。北日本を中心に風が強く、猛吹雪になっていることでしょう。テレビのお天気キャスターは、縦縞模様の等圧線が混み合っている時には日本海からの季節風が強く吹き、吹雪になりやすい、と解説することがあると思います。

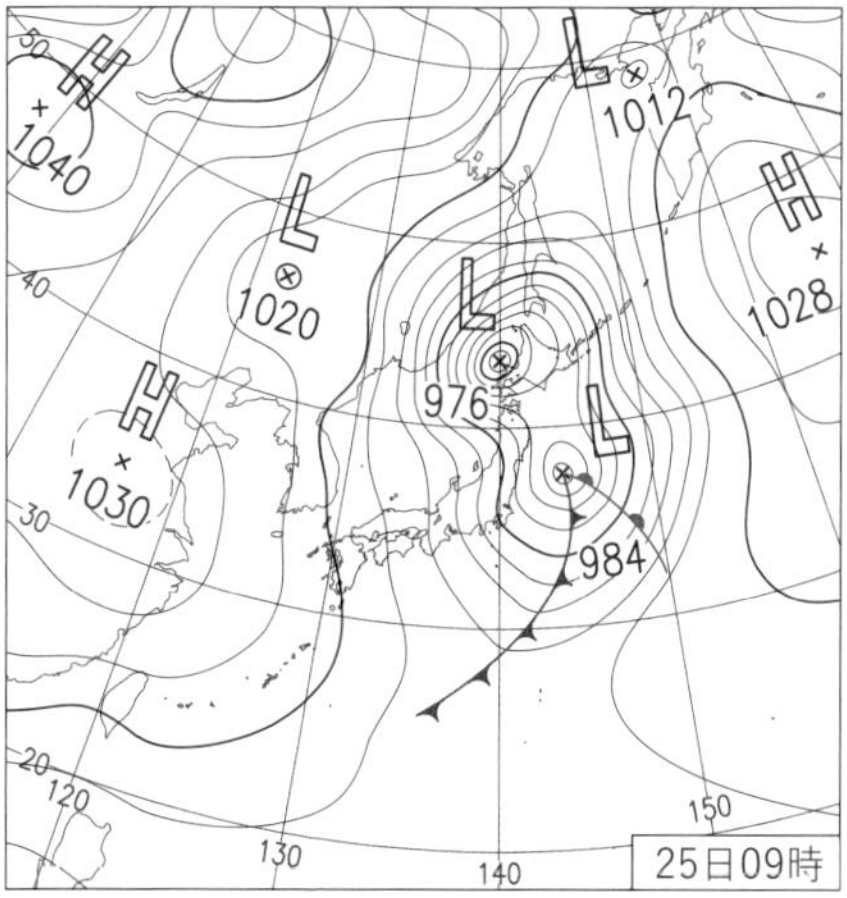

図表1-7　2017年12月25日の地上天気図

（出所）気象庁ホームページより

高気圧では上空から地表面に向けて下降気流があり、雲はできにくくなります。低気圧では地表面付近から上空に向けて上昇気流があって、雲が多くなり、降水を伴うこともよくあります。

天気を知る上で「前線」も重要です。前線とは寒気団と暖気団との境界線のことです。前線を境に風向きや風速が変わったり、降水を伴ったりします。

図表1－7を見ると、日本列島の東の低気圧は、温暖前線（赤）と寒冷前線（青）を伴っています。温暖前線の北東側では、暖かい南西風が冷たい空気の上をゆっくり上昇しながら吹き上げています。寒冷前線の北西側では、冷たい北西風がゆっくり下降しながら吹いています。このように暖かい空気が南から北へ流れ、冷たい空気が北から南へ流れます。どちらも熱を高緯度側に運ぶ効果があります。

高気圧・低気圧は、太陽放射の違いによって生じた南北の温度差をエネルギー源として発生、発達し、南北に熱を輸送して温度差を解消させようとします。こうして生まれた高気圧・低気圧、それに伴う前線が、中緯度の日々の天気を左右することで、私たちの生活に関わってきます。

雲が雨を生む仕組み

先に、雲は水惑星地球の象徴であると述べました。空に美しい雲を見つけ、気象に興味を持たれた方も少なくないでしょう。テレビの天気予報でひまわりの雲の動きを見て、親しみを持った方もいるかもしれません。では、雲はどのようにして生まれるのでしょうか。また、雲には雨を降らせる雲とそうでない雲がありますが、両者の違いはなんでしょうか。

雲には雲粒と呼ばれる小さな水滴や氷粒がたくさんあり、太陽光を乱反射することで、雲は白く見えます。雲粒の大きさは、半径1ミリの1000分の1から10分の1程度です。この大きさだと、重力と空気抵抗との関係から、落下が遅くなり、空中に浮かんだような状態になります。コロナウイルスを含む飛沫の中で微小なものはなかなか落下せず、数時間も室内を漂っていました。だから閉鎖空間では換気が重要だという話と、原理は一緒です。

暑い日には私たちは汗をかきますが、汗が蒸発すると涼しく感じます。このように水が蒸発する時には熱が奪われ（冷やされ）、逆に水蒸気が水に変わる（凝結する）時には熱が発生します。雲が生まれるということは、目に見えない水蒸気が水や氷の粒に変わり、雲として目に見えるようになることです。この水蒸気の凝結の仕組みを説明します。

気温が高くても空気が乾いていれば、汗はすぐ乾き、涼しく感じます。同じ気温でも空気が湿っていると、汗はなかなか乾かず、蒸し暑く感じます。

空気がどの程度湿っているかを見るには、相対湿度という尺度を用います。空気中の水蒸気量は、ある値を超えると電車が満員になるがごとく、それ以上増えません。この満員時の水蒸気の密度を飽和水蒸気密度と呼びます。

相対湿度100％は、それ以上は水蒸気を乗せられない満員の状況です。50％の場合には、満員の半分なので、水蒸気を乗せる余地があり、汗もどんどん蒸発します。１００％の場合は、これ以上空気に水蒸気を含むことができないので、汗はほとんど蒸発せず、蒸し暑く感じます。熱中症は気温だけでなく湿度も重要なのです。

飽和水蒸気密度は、気温が高くなると大きくなります。30度の時の飽和水蒸気密度は、18度の時の値の倍近くになります。

すなわち30度から18度に下がると水蒸気の容量は半分になるので、30度の空気がある程度湿っていたとすると、水蒸気は気体のまま存在できず、その一部は水に変わることになります。

このように、水蒸気が水滴に変化して雲になる過程では、飽和水蒸気密度と気温の関係が、重要な役割を果たしています。

雲が発生する前の状態は、水蒸気密度が飽和水蒸気密度よりも小さいのが普通です。この状態では水蒸気のままで存在可能です。気温が下がって飽和水蒸気密度が水蒸気密度より小さくなると、水蒸気の一部は液体の水や固体の氷に変化します。水蒸気が水や氷に変化する際には、凝結熱など相変化に伴う熱が発生します。

気温が下がって飽和水蒸気密度が小さくなる原因には、空気の上昇があります。これは21頁で説明した、空気の上昇→気圧の低下→空気の膨張→気温が下がる過程と同じです。低気圧や前線、台風などでは、空気が上昇するので、雲ができやすくなります。風が山の斜面に当たって上昇する際にも、雲ができやすくなります。

なお、氷点下の場合、液体の水に接する空気と固体の氷に接する空気では、同じ気温でも前者のほうが水蒸気を多く含むことができます。気温が低くて雲の中に氷の粒が含まれていると、水蒸気は氷の粒に吸い寄せられ、氷の粒が成長してやがて雪になって落下し始めます。

飛行機雲の中では空気は上昇していないのでは？と思うかもしれません。空気が飛行機の翼に高速でぶつかり、機体に浮力を生じさせる過程では、気圧が低下します。そこではやはり、空気の膨張に伴い、気温が下がります。飛行機の場合には、ジェットエンジンの燃焼に伴う水蒸気の排出が水蒸気量を大きく増やし、排出ガスの中にある細かなチリが水蒸気から氷粒への変化を促す効果もあります。

自然界の雲においても、細かなチリ（エーロゾル、エアロゾルとも呼ばれる）は雲の生成に重要です。凝結核と呼ばれるエーロゾルがあることで、水蒸気から雲粒への変換を促すことが知られています。

ここまで雲ができる理由を説明しました。さらに雲が雨になって地上に落ちてくるためには、雲粒が大きくなる必要があります。大きな粒のほうが早く落下するため、雨粒は小さな雨粒を併合し加速度的に成長します。また先に述べた氷と水の飽和水蒸気密度の違いから、氷は水よりも早く成長します。

雨が地上に降るには、雲の水の粒が、落下しながら併合してさらに大きくなって雨になる場合と、氷粒が成長して雪となり、それが落ちてくる間に融解し、雨となる場合があります。もちろん、気温が低ければ地上でも雪になります。日本の冬の雨のほとんどは後者による雨です。このように、雲粒が大きく成長して雪や雨粒になる条件が整う雲だけが雨を降らせるのです。降水をもたらす雲の種類としては、積乱雲や乱層雲が代表的です。

雲は太陽光を反射する一方で、地球から出ていく赤外放射を減らす効果もあり、地球温暖化予測における雲の役割は難しい課題の一つです。先ほど述べた飛行機雲では上空の高いところで発生するので温室効果に寄与すると言われています。

熱帯とモンスーン・台風

一般に熱帯は気温が高く水蒸気が多いために、積乱雲の発達しやすい地域です。しかし、熱帯の中でも南米沖南太平洋のように、海水温が低く積乱雲の発達しにくい地域もあります。また、季節によって風の吹き方が変わります。風の影響によって雨の多い季節（雨季）と雨の少ない季節（乾季）のある地域があります。

南アジアから東アジア、オーストラリア北部などでは、モンスーン（季節風）による雨季が存在します。夏のモンスーンによる降水は、アジアの稲作に欠かせず、地域の文化の醸成につながっています。インドでは5月に安定した晴天と猛暑が続き、6月にモンスーン入り（オンセットという）します。5月はヒマラヤ登山に最適で、登山道は大混雑します。

東アジアでは6月前後に雨季があります。日本では梅雨となります。梅雨時には集中豪雨などの災害リスクが高まる一方で、空梅雨になれば、干ばつの心配が生じます。モンスーンは、強い日射で陸上が暖められ、陸と海の温度差が大きくなることによって発生します。アジアのモンスーンでは、標高の高いチベット高原の地表が、上空の大気を直接加熱する効果によって、高気圧（チベット高気圧）が強まっていきます。チベット高気圧は梅雨明け後の猛暑の要因として、ニュースなどでもよく紹介されます。

図表1－8は、１９９１年から２０２０年の30年平均の、6月の外向き長波放射量の図です。外向き長波放射量とは、赤外線のエネルギーを極軌道衛星で観測したものです。地面、海面、雲などから、温度が高いほどたくさんの赤外線が宇宙へ出ていっています。南極の放射量が少ないのは、6月は南半球の冬に当たり、南極大陸がとても冷たくなっているからです。

一方、北緯/南緯20度～30度付近では、赤色系の色が濃く、赤外線放射量が多くなっています。この付近には亜熱帯高圧帯があって雲が少なく、高温の陸や海からの放射があることに対応します。亜熱帯高圧帯に挟まれた赤道付近では、放射量がやや少なくなっています。この付近では積乱雲が多く発生しており、積乱雲の雲頂付近の冷たいところから赤外線を放射しているためです。

外向き長波放射はＯＬＲ（Outgoing Longwave Radiation）とも呼ばれ、積乱雲が多く発生している地域を把握する目的で使われます。赤道付近以外にインドから東南アジア・中国南部を通って

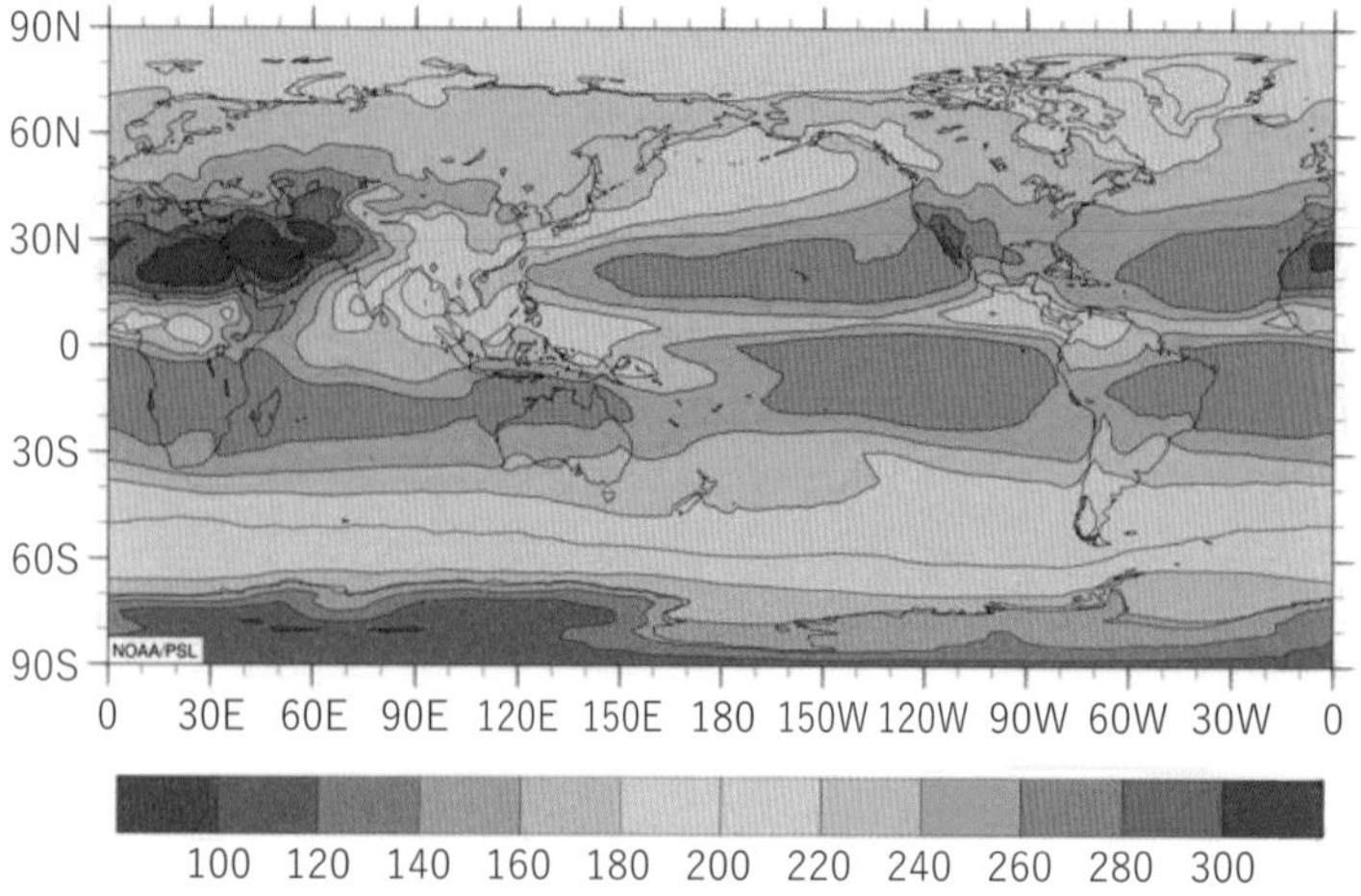

図表1−8　1991年から2020年にかけて30年間平均した6月の衛星観測による外向き長波放射（W/m²）

（出所）Data/image provided by the NOAA Physical Sciences Laboratory, Boulder, Colorado, USA, from their website at https://psl.noaa.gov/.

日本の南部および南海上にも、ＯＬＲの小さい帯状の領域があります。この領域はアジアモンスーンによって積乱雲が発達し、雨が多いところです。インドのモンスーンから日本の梅雨前線までも包含する大きな降水帯に相当します。

台風は熱帯の海上で発生、進路によって中緯度に大きな被害をもたらします。世界の共通語である「熱帯低気圧」は、地域ごとに異なる名称がついています。北西太平洋は台風、北東太平洋・北大西洋はハリケーン、インド洋・南太平洋はサイクロンです。

図表1−9は、１９７９年から２００７年の熱帯低気圧の進路を、

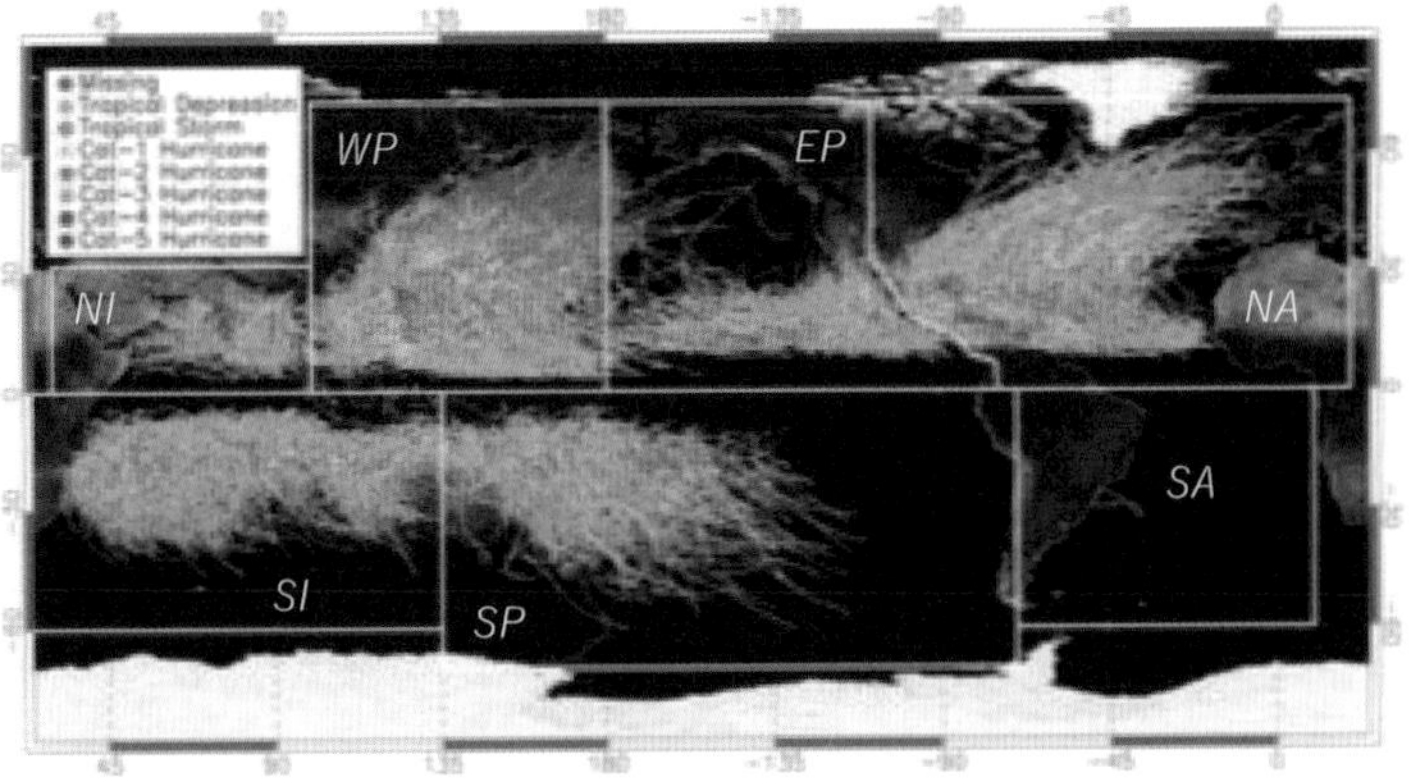

図表1−9　1979年から2007年までの世界の熱帯低気圧の進路を熱帯低気圧の強度により色付けした図

（出所）Knapp, Kenneth R., et al. “THE INTERNATIONAL BEST TRACK ARCHIVE FOR CLIMATE STEWARDSHIP（IBTrACS）: Unifying Tropical Cyclone Data.” *Bulletin of the American Meteorological Society*, vol. 91, no. 3, 2010, pp. 363–76. JSTOR, https://www.jstor.org/stable/26232890. Accessed 20 Nov. 2022.

強度によって色付けしたものです。

赤道の近くでは熱帯低気圧はほとんど発生していません。赤道近くは地球の自転の影響が弱く、低気圧の渦巻きが発達しにくいからです。北西太平洋と北大西洋は熱帯低気圧の進路の線が混んでいて、赤色系が多くなっています。

この図を見ると、北西太平洋の台風は、世界の中でも質・量ともにトップクラスであることがわかります。台風は、熱帯では偏東風に乗って西に向かい、一部は次第に進路を北に向け、日本に近づく頃には偏西風に乗って北東方向に向かう傾向にあります。これは大西洋のハリケーンでも同様です。

コラム

台風が引き起こした過去の大災害

台風は大雨をもたらすだけでなく、暴風や高潮・波浪など海に関係する災害によっても甚大な被害となります。

1934年9月、本土に上陸した台風としては観測史上最強の室戸台風が襲来しました。死者・行方不明者は3000人に達したと言われています。大阪湾岸では記録的な高潮によって多くの犠牲者が出ました。大阪や京都などでは暴風が吹き荒れ、学校の木造校舎が倒壊、教師や生徒が犠牲になるという悲惨な出来事がありました。事前に暴風警報が出ていました。しかし、登校時には比較的穏やかな天候であったこともあり、学校は休校にならず、登校後に急激に暴風が強まって、多くの犠牲者を出すことになりました。

暴風警報は、普通規模の低気圧で強い風が吹くときにも出ていました。1年に何回もの頻度で暴風警報が発表されていたので、休校措置などの特段の警戒が取られていなかったことが、悲惨な事態を招く背景にありました。

当時の気象当局である中央気象台が打ち出した改善策は、気象特報と呼ばれる、暴風警報の一段下の段階の情報を新設することでした。普通の低気圧による強風は、気象特報を発表することによって対応し、命の危険が伴うような場合についてのみ、暴風警報を発表する形にしました。この気象特報は現在、注意報として運用されています。なお、室戸台風による木造校舎の倒壊を教訓として、校舎の鉄筋化や建築基準の暴風対策も進められました。

戦後のもっとも甚大な風水害は、１９５９年９月の伊勢湾台風です。死者・行方不明者は５０００人を超えました。大雨や暴風の被害もすごかったのですが、もっとも大きかった被害は高潮でした。

世界的にも風水害で１０００人を超える犠牲者を出す甚大な災害の多くは、高潮が引き起こしています。高潮は、台風の中心付近の気圧が低いことによって海水が上方に吸い上げられる効果、台風を取り巻く暴風が海水を海岸に吹き寄せる効果などから、海水面が上昇し、岸に押し寄せた波が防潮堤を越え陸上に入ってくる現象です。押し寄せる水の威力は、津波や洪水と同様で、人々を飲み込み、家屋を破壊するほどになります。地球温暖化による海面上昇は、高潮災害のリスクも高めます。

温帯低気圧は、南北の温度差をエネルギー源として発達しますが、台風は積乱雲の中で水蒸気が水や氷に変わる時に放出される熱をエネルギー源として発達します。

積乱雲の維持や発達には周辺から水蒸気を集めてくることが重要です。台風の渦巻きに伴う風により、海面から水蒸気を蒸発させ、さらにその水蒸気を台風の中心に向けて運ぶことで、多くの水蒸気が台風の中心近くに集まってきます。

その結果、台風の中心を取り巻く積乱雲が発達すると、上昇気流がさらに周りから空気を吸い寄せ、渦巻きを強化する形で、台風が発達します。台風の中心部周辺は積乱雲がもっとも発達して上昇気流が強くなっていますが、台風中心部では積乱雲がなく下降気流となっているのが普通です。この中心付近の雲のない小さな領域を、台風の眼と呼びます。

図表1－10はひまわりの雲頂強調画像で捉えた台風です。雲頂高度が高いところは赤色になっています。台風の周辺は積乱雲が発達して雲頂が高くなっています。中心付近には丸い眼があり、ほとんど雲はありません。この丸い眼を取り囲む発達した積乱雲を壁雲とも呼び、台風の中でもっとも積乱雲が発達し、もっとも強い風が吹いています。

この画像に台風の風の方向を入れました。北半球では反時計回り、南半球では時計回りの渦となります。

台風に伴う風について、台風の進行方向の右側のほうが左側よりも強いことが知られています。これは台風の中心を回る風を考えた時に、進行方向右側については台風の移動に伴う風が同じ方向であり、風を強めるのに対して、左側については風を弱める方向に働くからです。

これは、台風の暴風災害や高潮災害を想定する上で重要です。たとえば、２０１９年の房総半島台風では、東京湾を台風が北上して千葉県千葉市付近に上陸しました。この時、進行方向の右側に当たる房総半島で鉄塔が倒壊するなどの顕著な暴風災害が発生し、停電が長く続いたことを覚えている方もいるでしょう。

高潮については、風が強いほど、海岸に押し寄せる波が高くなります。また、台風は南から北上してくるのが普通なので、進行方向の右側では南寄りの風となり、海水が海岸に押し寄せることになります。これに対して進行方向の左側では北寄りの風で、海水は沖に向かう傾向となります。

図表1−10　2022年台風第14号の雲頂強調画像

（出所）気象庁HPより、矢印は著者が追加

このため、台風の進行方向の右側に当たる海岸で、高潮はきわめて危険になります。高潮災害が発生する条件として、まず中心気圧が低くかつ顕著な暴風を伴う台風であることが重要ですが、それに加えてわずかな進路の違いで、高潮発生の状況が

大きく変わる可能性があります。

高潮では、気象以外の要因として太陽や月の引力による潮の満ち引き（満潮、干潮）も重要です。満潮時刻の前後に台風が最接近するかどうかが、高潮の大きさに影響します。これは台風の進む経路だけでなく、上陸時刻を正確に予測することの重要性を示唆しています。

暴風や高潮については、台風の勢力や進路と災害の発生との対応関係が比較的わかりやすいのですが、大雨についてはやや複雑です。２０００年の東海豪雨や２００５年の東京・神田川水系における水害などは、台風から遠く離れているところで大雨となりました。

また、台風が接近することによって、梅雨前線や秋雨前線などが大雨を降らせることも少なくありません。台風の勢力と雨との関係は明確ではありません。たとえば２０１１年の12号台風は、中心付近の最大風速が25メートル／秒で、暴風域のない台風として四国に上陸しましたが、紀伊半島では記録的な大雨となり、甚大な被害が発生しました。これがきっかけとなり、特別警報という新しい警報が生まれたほどの災害になりました。

積乱雲、豪雨、雷、竜巻

モンスーンや台風に加え、豪雨、雷、竜巻といった災害をもたらしているのは積乱雲です。対流圏という地球ならではの大気の層があるのも、積乱雲のおかげです。地球温暖化に伴い、大雨はどうなるのか、台風はどう変わるのか、といったシナリオにも、積乱雲が関わってきます。

寒い日に暖房をつけた時、暖かい空気は天井近くに上り、足元は寒いという経験があるかと思います。これは暖かい空気は軽く、高いところに行こうとするからです。扇風機を天井に向けて空気をかき混ぜることで、足元が暖かくなります。

地面付近の暖かい空気が上昇していくと、膨張によって気温が下がります。先に述べた通り、気温が下がると、飽和水蒸気密度が小さくなるので、もともとの空気が湿っていれば一部は水に変わり（凝結）、その時に熱を発生します。空気が1000メートル上がると、気圧が低いため、空気は膨張して冷え、10度下がりますが、水蒸気の凝結熱を考慮すると、気温の下がり方は小さくなって、5度程度の低下になります。

上昇した空気は凝結熱によって周辺より冷たくならず、引き続き暖かく軽い空気として、さらに上昇することがあります。そして、もくもくと雲を発達させながら高さ1万メートル以上に及ぶ上昇気流が生じ、その中では水蒸気が水や氷に変わります。水や氷の粒が大きくなって落下すれば、雨となります。こうして積乱雲が生まれます。

どんな時に積乱雲が発生しやすいか整理しましょう。地面付近から上昇した空気が、周りの空気よりも暖かくなり、さらに上昇するためには、上昇する空気が十分湿っていて凝結熱が多く発生すること、持ち上がる地面付近の空気が十分暖かく上空の空気が比較的冷たいこと、という条件が重要です。

関東平野では夏、夕立がしばしば発生します。日中日射によって地面が暖められ、地面付近の空気の温度が高いことに加え、地面付近の水蒸気が多く、さらに上空に寒気が流入した時、夕立が発生しやすくなります。

熱帯の赤道付近で積乱雲が発生しやすいのは、海の温度が高く水蒸気量が多いなどの条件が整っているからです。地表面付近と上空の気温差が大きく、また地表面付近の水蒸気が多いと、空気の上下がひっくり返り（対流）、積乱雲が発生しやすくなります。

大気がこのような状況にある時、天気予報等ではよく、「大気の状態が不安定」という言葉を使います。気象学としては、大気の成層状態が不安定で、水蒸気の凝結を伴う対流が発生しやすい状態を指します。

この「大気の状態が不安定」という表現が、皆さんにどう伝わっているのか心配なところもあります。午前中はよく晴れていたのに、午後から空が急に暗くなってザーッと雨が降る、こんな天気の推移を不安定と受け取る方もいるかと思います。実際、大気の成層状態が不安定な時には、このような天気になることが多いのですが。

積乱雲は豪雨、雷、竜巻などの激しい現象をもたらします。積乱雲がどうして激しい現象を引き起こすのかを説明します。

雨量の意味をご存じでしょうか。降った雨を容器で受けます。その雨水がどのくらいの深さになるかをミリメートル単位で示します。

1時間で80ミリのように、短時間に雨が集中して降ると、浸水等の被害が発生しやすくなります。80ミリは8センチなので、その程度の雨量で被害が発生するのかと思うかもしれません。

雨水は低いところに流れ、どんどん集まっていきます。もし、面積100のところに降った雨水が面積10のところに集まれば、80ミリの雨は十倍の800ミリ、すなわち80センチになります。ここまで深くなると、歩くことは危険ですし自動車も動けません。もっとも、80ミリの雨が1日かけて降るのであれば、下水に流れ、道路等に水が溜まることはありません。ところが、1時間に集中して降ると下水の対応能力を超えてしまい、浸水被害が発生することがあります。雨量はその量だけでなく、それがどれくらいの期間降るかも情報として把握することが重要なのです。

積乱雲の発生によって、短時間に激しい雨が降りやすくなる理由を説明します。地表から圏界面近くの10キロ〜15キロ付近まで空気が持ち上がると、気温はきわめて低くなり、水蒸気をほとんど含むことができなくなります。空気中の水蒸気の多くは雨となり、地面に落ちていきます。

大雨が降っている時、空気中にどの程度の水蒸気が含まれているかというと、頭上の水蒸気がすべて雨に変わったとすれば、約50ミリ程度となります。積乱雲が発生し、土砂降りの夕立が一時間近く降った場合、約50ミリというのが典型的な雨量です。これは、ほぼ頭上の水蒸気量に対応します。積乱雲は、空気中の水蒸気をもっとも効率的に降水に変える仕組みなのです。

短時間の大雨は積乱雲が関係することがほとんどです。土砂崩れや洪水などの災害が起きるのは、3時間で200ミリなど継続した大雨です。このような場合には複数の積乱雲が次々と発生していることがほとんどです。最近ニュースでよく耳にする線状降水帯は、その一つです(第2章コラム参照)。

積乱雲が上空10キロ以上に上昇すると、熱帯地域であっても、気温は低くなります。雲は氷の粒の集まりです。強い上昇気流や下降気流により、氷の粒同士がぶつかり合うことによって静電気が発生します。

雲の中で静電気が大きくなると、それに対応して地面にも静電気が溜まります。空気は基本的に絶縁体ですが、雲と地面の間の電圧が大きくなると、耐えきれなくなって電流が流れます。これが落雷です。電流が流れたところは急激に高温になり空気が膨張します。急な空気の膨張により太鼓をたたくように空気が振動し、ゴロゴロと音も鳴ります。

落雷は、時には人の生命を奪う危険な現象であり、停電など社会へ及ぼす影響も甚大です。自然発生する山火事の多くは落雷が原因であり、山火事は生態系に大きな影響を及ぼします。

氷の粒は積乱雲の中にある激しい上昇気流によってなかなか落下できず、「あられ」や「ひょう」のように大きくなることがあります。特に「ひょう」は直径数センチ以上にもなり、農作物や自動車などに大きな被害をもたらすことがあります。数センチの氷の塊なので、ぶつかれ

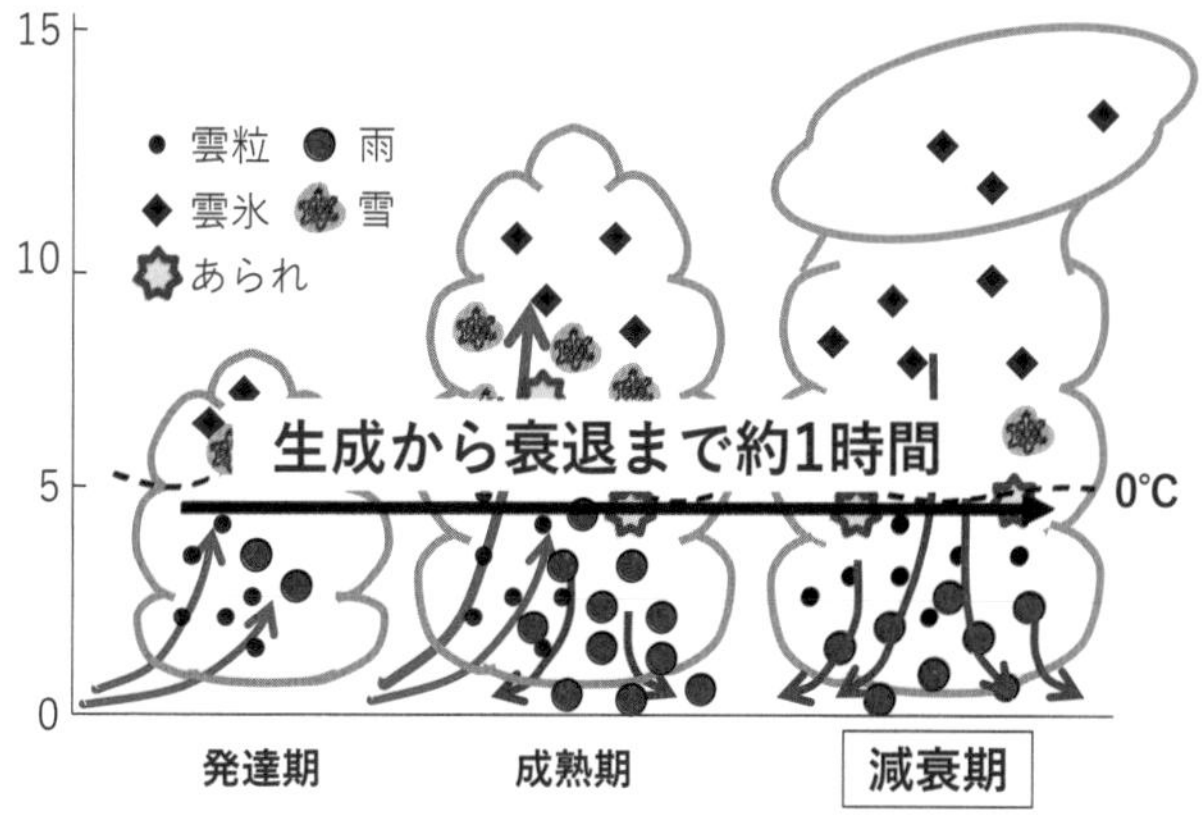

図表1−11　積乱雲のライフステージ

（出所）加藤輝之、2017：図解説中小規模気象学、気象庁より
https://www.jma.go.jp/jma/kishou/know/expert/pdf/textbook_meso_v2.1.pdf

ば人命に関わります。

積乱雲は突風をもたらすこともあります。渦巻状の突風は竜巻（米国ではトルネード）と呼ばれます。猛烈な風が吹く理由として渦巻が細くなることでフィギュアスケートの回転が速くなることと同じ原理が働いています。家屋や自動車を吹き飛ばし甚大な災害をもたらします。

積乱雲の中で発生する強い下降気流（ダウンバースト）は、飛行機の離発着に危険を及ぼすことも知られています。積乱雲の中で大きな雨粒が落下する際、周りの空気を引きずり落とす効果と、ひょうなどの氷が周りの暖かい空気によって融解したり、雨水が蒸発することで冷やされ空気が重くなる効果が重なって、強い下降気流が発生します。

ここまで述べてきた積乱雲の発達から減衰

までの様子を図表1-11に示しました。最初は上昇気流によって水蒸気が雲の粒に変化し、上空の零度以下の高度では氷や雪、「あられ」になり、これらが静電気を発生させて雷の原因となります。強い雨が降っているところでは、下降気流が発生し、上昇気流を打ち消すほどになり、次第に積乱雲が弱まっていきます。このようにして、一つの積乱雲の発生から衰退までの時間はおよそ1時間程度となります。

故藤田哲也博士は、トルネードやダウンバースト研究の世界的な権威でした。トルネードの強さを示す指標として、藤田スケールという名がつけられています。

地表面と大気とのやりとり

地球の表面（地表）は、陸地、海洋、そして雪氷で覆われています。地表はその上の空気と接しており、熱や水蒸気のやりとりがあります。また、地表面と大気の間には摩擦があり、風に影響しています。陸地には森林や草原、都市や耕作地などが存在し、熱・水蒸気のやりとりや摩擦は、これらの影響を受けています。

これまでに述べたように、太陽からの日射量は1年を平均すると、赤道付近の熱帯で多く、北極・南極に近づくほど少なくなります。また夏至には北半球側で日射量が多く、冬至には南半球側で多くなります。

日射の一部は雲などによって反射され、残りは地表面に到達します。地表面に到達した日射は、一部が反射し、残りは地表面を暖めます。地表面の反射の重要な点として、雪氷は半分以上を反射するため、雪氷に覆われた地域は暖まりにくくなります。

地球の広い範囲が氷に覆われるようになると、日射の多くを反射するので、ますます寒くなります。これは、氷河期のメカニズムとしても知られています。逆に雪氷が溶けてあまり反射しない陸や海の面積が拡大すると、温暖化の加速につながります。

また、陸と海については、暖まり方の早さが異なります。身近なところでは、陸と海の日射による暖まり方の違いにより、昼間の陸上気温は海上気温よりも高くなるため、海から陸に向け海風が吹きます。逆に、夜は陸のほうが早く冷え、海よりも気温が低くなるので、陸から海に向け陸風が吹きます。このように昼夜で海と陸との間の風が入れ替わる現象を海陸風と呼びます。

もっと大きなスケールでは、38頁で説明したモンスーンがあります。インドモンスーンは、夏にチベット高原などが暖められることで、インド洋から南アジアに向け南西風が吹く現象です。日射の少ない冬には、大陸が海より冷えることで、シベリア高気圧が発達し、日本付近で西高東低の気圧配置になり、日本付近は北風または北西風、東南アジアでは北東風が吹きます。

地表面は、大気に対する水蒸気の供給源である点も非常に重要です。地表面から水蒸気が蒸発してそれがやがて雲となり、雲は雨や雪になって地表面に落下、陸地を湿らせ、蒸発します。一部は川となって海に流れ、海からまた蒸発する、という形で一巡りします。これは水循環という地球の重要な営みでもあります。

水蒸気の蒸発の多くを担っているのは、海洋です。海からの蒸発量は、海面付近の温度である海面水温が高いほど多くなります。これは、36頁で述べたように、空気が含有できる水蒸気量は気温が上がると急激に増えるからです。

①台風が暖かい海で発生・発達する、②冬のシベリアからの冷たい北西風が、暖かい日本海から水蒸気をもらって日本海側に大雪を降らせる、③エルニーニョやラニーニャ現象によって、熱帯で積乱雲が発生しやすい地域が変わり、それが中高緯度の天候に大きな影響を与える――これらはすべて、海面水温と水蒸気の蒸発との関係抜きには語れません。

このように、海と大気は海面水温を通じてお互いに大きな影響を及ぼしています。また、海の上を吹く風は海に大きな影響を及ぼします。たとえば、熱帯の偏東風や中緯度の偏西風の影響を受け、北太平洋の海では時計回りの大きな流れがあります。地球の自転の影響で、日本付近を北上する黒潮は、北米の西海岸付近を南下する海流よりも速い流れとなっています。北大西洋でも同様に時計回りの海流の循環があります。そのうち北米東岸を北上する速い海流は、メキシコ湾流と呼ばれています。

風が吹けば波が高くなることは、多くの方が直感的に理解していると思います。台風に伴う高潮も大気の現象によって発生する海の災害です。海上の風が強くなれば、海から大気に与える熱や水蒸気が増えます。一方、風が強く吹くと海をかき混ぜることによって、海の表面を冷やします。たとえば、台風が通過すると、海面水温が低下することが知られています。

コラム

天候を左右する気団

気団とは、広い範囲にわたり気温や水蒸気量がほぼ一様な空気のかたまりのことです。気団は陸や海の影響で生まれ、天候に影響を与えています。

なぜ気団が生まれるのでしょうか。たとえば冬の大陸は大変冷たくなっており、その上の空気も冷やされ、大陸上の広い範囲で冷たい空気が生まれます。このようにして、広がりを持った地面や海面の特徴に影響された空気のかたまりが特徴的な性質を持つようになり、これらを気団と呼びます。気団は下に接する地面や海面の特徴によって、いくつかの種類に分類できます（**図表1－12**）。

これらの気団は、天気図ではいずれも高気圧として表現され、シベリア高気圧、オホーツク海高気圧、小笠原高気圧と呼ばれています。これらの高気圧はあまり動かず、時計回りに風が吹き出しています。シベリア高気圧には冷たいシベリア気団があり、高気圧から吹き出す風が日本付近では冷たい北風や北西風になっています。

気団名	気団の特徴
シベリア気団	冬にシベリアや中国東北部で生まれる大陸性の冷たい気団
オホーツク海気団	梅雨期等にオホーツク海や三陸沖で生まれる冷たい気団
小笠原気団	北西太平洋の亜熱帯高気圧域で生まれる暖かい気団

図表1－12　**日本周辺の主な気団**

オホーツク海気団と小笠原気団は、6月から7月にかけて日本付近で接し、その境界線上に梅雨前線ができます。この2つの気団のせめぎ合いにより、梅雨前線に伴う悪天候が長く続くことになります。7月の後半になると、小笠原気団が優勢になって梅雨前線を北に押し上げ、日本付近に夏空が広がります。これが梅雨明けです。

シベリア気団と小笠原気団は温度差が大きいので、南北の温度差により温帯低気圧が発達しやすくなります。春、秋、冬には、日本付近からその東の海上にかけて、しばしば温帯低気圧が発達します。夏には大陸が暖められ、このような温度差が小さいので、温帯低気圧はあまり発達しません。

天気についての時間空間スケール

ここまで、高気圧、低気圧から積乱雲、竜巻など天気に関係する現象を述べてきました。ここで、これらの時間スケール、空間スケールを示しておきましょう（図表1－13）。

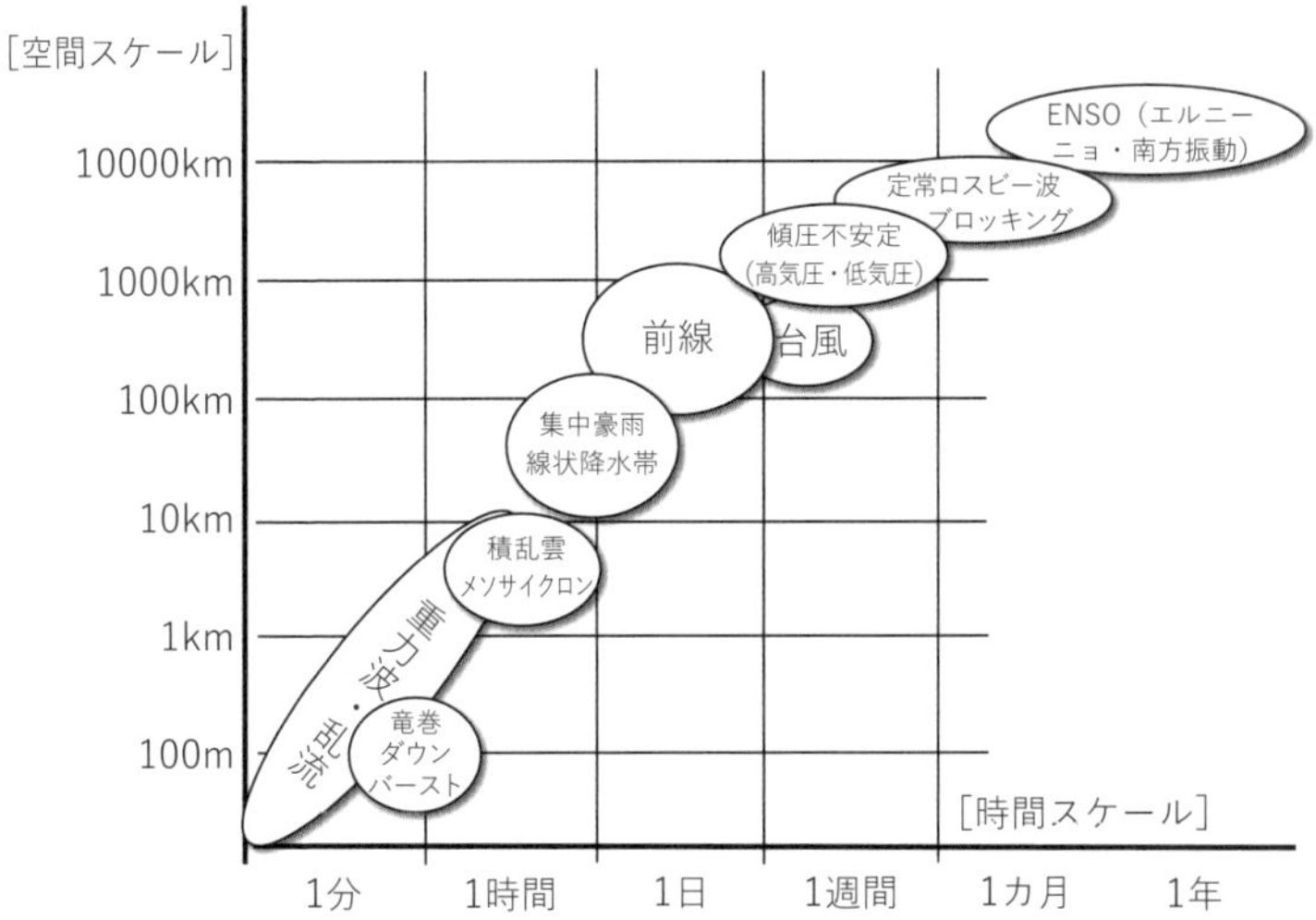

図表1-13　さまざまな現象の時間空間スケールの概念図

この概念図から、空間スケールの大きな現象ほど、時間スケールも長いことがわかります。またそれぞれの現象は、他のスケールの現象と無関係ではなく、異なるスケールの現象が互いに影響しています。たとえば、竜巻は積乱雲から発生します。

右上のロスビー波は自転する地球の表面を覆う大気から発生する波で、偏西風の蛇行を引き起こします。偏西風の蛇行が激しくなって高気圧が切り離されると、ブロッキングとなって、動きの遅い高気圧や低気圧を伴い、大雨などが発生する場合があります。多くの異常気象の背景には、偏西風の蛇行やブロッキングがあります。

気象現象の時間空間スケールに応じてどのような予測技術が有効なのかは、第２章で説明します。

コラム

日本海側と太平洋側の降雪

雪は、日本の冬の景色に欠かせません。また山岳地帯の積雪は、水を長期間陸上に貯めることができるので、水資源管理面ではダムのような重要な役割を担っています。一方で、交通への影響や除雪に伴う事故など、マイナス面もあります。以下では降雪予報を利用している関係者に日本の降雪のメカニズムを理解していただくために、降雪予報の留意点をあげてみます。

関東平野など太平洋側地域では、冬に青空が広がる一方、北陸など日本海側地域では、雪雲に覆われることが多いのはよく知られています。「国境の長いトンネルを抜けると雪国であった」という、川端康成の小説『雪国』の一節の通りです。

日本海側の降雪をもたらす雲の多くは積乱雲です。積乱雲というと夏や熱帯というイメージがあると思いますので意外かもしれません。ユーラシア大陸から吹き出す冷たい空気は、対馬暖流の影響で相対的に暖かい日本海によって暖められます。また海面からは水蒸気が多く蒸発します。

上は非常に冷たい空気、下は暖かくて湿った空気は、積乱雲を発生、発達させる条件です。もっとも、冬の積乱雲の高さは夏よりもずっと低く、規模も小さいので、上空にもくもく湧き立つ入道雲というイメージではありません。

こうした日本海側の降雪は、寒気の強さや継続時間によって大雪になるかどうかが決まります。寒気が強ければ、大気の状態は不安定となり、積乱雲が発達しやすく、降水量が多くなります。気温が低いので雨ではなく雪になり、大雪を招きやすくなります。

冬型の気圧配置による日本海側の降雪には、大きく分けて2つのパターンがあります。まず大陸の高気圧と日本の東海上の低気圧がともに強く、日本付近の南北の等圧線の間隔が狭い場合です。西に優勢な高気圧、東に発達した低気圧があり、日本付近の等圧線が縦縞模様の気圧配置を、「西高東低」と呼びます。北西の強い季節風が日本列島に吹きつけ、列島に連なる山々の斜面で上昇し、大雪となります。これを「山雪型」と呼びます。日本付近の西高東低の気圧配置や上空寒気の予測は数値予報の得意分野であり、比較的予測しやすいと言えます。

これに対し、等圧線の間隔が比較的広くて、季節風はそれほど強くなく、日本列島上空に強い寒気が居座るような時には、大気の状態が不安定で積乱雲が発達しやすくなります。こうした際には降水量が多くなりやすい傾向にあります。また、寒気が強いため平野部でも雪になります。都市部や交通の要所で大雪を降らせるので、社会に大きな影響を及ぼすことがあります。こうした大雪のタイプを「里雪型」と呼びます。

最近、天気予報でも耳にする日本海寒帯気団収束帯（ＪＰＣＺ）では、発達した積乱雲が線状に集まって長時間強い降雪が続きます。

これは夏の集中豪雨にも似ており、大雪が降りそうなことはわかっても、どこでどの程度降るのか、という詳細な予報は難しくなります。

また、冬の日本海側の降雪は、雷や突風など積乱雲に伴うリスクにも要注意です。冬の日本海側では突然一発の雷がやってくる、「一発雷」という現象がしばしば発生します。兆候もなしに突然落雷して被害が大きくなることもあります。

突風については、２００５年12月にＪＲ羽越本線の列車が脱線・転覆し、５人が犠牲になる事故がありました。この竜巻と見られる突風も強い寒気と暖かい日本海という条件のもと、発達した積乱雲によって発生しました。

一方、関東地方などの太平洋側では、日本列島南岸を低気圧が東北東へ進む時に大雪になりやすくなります。雨なのか雪なのか、もし雪ならどの程度積もるのか、社会的な関心は高いのですが、予報の難しい場合が多くあります。

雪になるには、冷たい気流が流入するのが条件です。低気圧では南から暖かい空気が入ってくるので、低気圧が陸地の近くを通過すれば雨になります。また、低気圧が陸地から離れすぎると、冷たい空気を流入させる力が弱くなり、雪になったとしても降雪量が少なく積もらない可能性もあります。また、上空から落下する雪が溶けて雨に変わり蒸発すると空気を冷やすので、強い降水であるほど雨が雪に変わりやすく、あっという間に積もることもあります。

関東地方の場合、今の予報技術においても雨か雪かの見極めは難しいことがあります。1月2月は受験シーズンであり、特に交通網が複雑な首都圏では積雪による影響は甚大になります。テレビ局の気象キャスターが年間でもっとも緊張する季節かもしれません。

交通機関では、大雪の可能性が少しでもある場合には、時には空振りとなることを覚悟しながら、人員を増強し、除雪剤を散布したり、切替ポイントを温めたりするなどの対応をしています。もちろん、気象庁も降雪予報の精度を向上させるとともに、さまざまな関係者の方々が空振りを恐れず、最適な判断をすることが大切です。

予報が難しいと言っても、一昔前に比べれば太平洋側の大雪の予報精度は向上しています。大雪の可能性が高い場合には、鉄道の計画運休を実施したり、学校や職場を休みにしたり、早退させたりすることで帰宅難民を未然に防ぐなど、社会的影響を軽減していくことが重要です。

第2章

天気予報は どのように 行われているのか

観天望気の始まり

人類が農業や漁業などの第一次産業に従事するようになると、天気予報のニーズが高まっていきます。『三国志』が繰り返し描いているように、人間同士の勢力争いである戦争においても、天気を読むことが非常に重要でした。こうした必要性から、空の様子を見て明日の天気を予想する観天望気が生まれました。観天望気は人々の経験や言い伝えとして積み重ねられてきた予測で、それなりに正しく現代の科学で説明可能なものも数多くあります。

たとえば、「夕焼けは明日晴れ」という格言があります。夕焼けのもとになるのは西に沈もうとする夕日の光です。夕焼けが見えるためには、西の空がある程度遠くまで晴れている必要があります。一般的に日本付近の天気は偏西風の影響で、西から東へ移動します。西の空が晴れているようなら、明日は好天が続く可能性が高くなります。

また、上空の雲の状況は、その地点における気温や湿度、上昇気流などを反映していますので、天気予報のヒントになります。低気圧が近づく前には上空に湿った空気が流入することが多く、氷粒からなる上層雲がしばしば発生します。こうした雲を通し太陽や月に暈《かさ》がかかったように見えることがあり、悪天の前兆と考えられていました。これも今の科学的な知見から正しい見立てと評価できます。

このように、雲の状況は直接雨を降らせる雲でなくても、天気予報のヒントになり、気象の立体構造を把握する上で役に立ちます。近代的な天気予報においては、雲の種類を観測してデータ交換し、天気図にデータを書き込むようになっています。今では、ラジオゾンデを用いて上空の観測を行い、気象衛星によって雲の全体像を把握し、さまざまな観測データを用いた上空の天気図もあります。これらが存在しなかった第二次世界大戦以前には、地上からの雲の観測が貴重な情報として使われていました。

観天望気の限界は、地上から見える範囲の空の様子を判断するので、1000キロメートル以上先の情報はわからないことです。高気圧や低気圧は1日に1000キロメートル程度の速さで東に進むため、せいぜい1日先の予想が精一杯です。そこで一人の人間に見える範囲だけではなく、異なる場所の観測結果を集めて広い範囲の気象を把握し、明日以降の天気を予報する手段として、天気図が登場してきます。

天気図による天気予報の始まり

各地の観測データをもとにした天気図の始まりは、「19世紀初めにドイツ人のブランデスが1783年の毎日の天気図を作成した」というのが、世界最初の取り組みとされています。過去の観測データを使った天気図なので、これで実際に天気予報ができたわけではありませんが、天気図を用いて広域の天気を把握する手法の有効性を示しました。

英仏とロシアが戦ったクリミア戦争では、1854年11月14日、猛烈な暴風により黒海でフランスの戦艦が沈没するなどの大被害が生じました。

フランス政府（ナポレオン3世）の命により、パリ天文台長のルヴェリエがこの暴風を調査したところ、暴風は地中海から黒海へ進んできたことがわかりました。このことから天気図を描いて嵐の動きを把握することによって、嵐の予測が可能であることを示しました。ルヴェリエは天文学者として、未発見だった海王星の存在を、軌道計算によって予測したことでも知られています。

彼は、電信を使って観測データを即時的に交換して天気図を描き、暴風警報などを伝えるという実務を計画しました。ちょうど19世紀の半ば、モールスによる電信技術が実用化されるようになった頃でした。1855年には天気予報を担当する役所の創設を上申しました。フランス気象局が開設され、1863年からはヨーロッパの天気図が毎日刊行されるようになりました。

国を越えて気象データの交換を行うには、観測時刻や通報形式など国際的な取り決めが重要です。1873年国際気象会議で議論が重ねられ、国際気象機関（ＩＭＯ）が発足しました。

当時の日本は幕末から明治維新にかけての時期で、「お雇い外国人」による提案のもと気象業務が始まろうとしていました。現在の東京都港区虎ノ門にあった内務省地理寮の構内に、気象観測施設が置かれ、1875年6月気象観測が始まりました（図表２－１）。

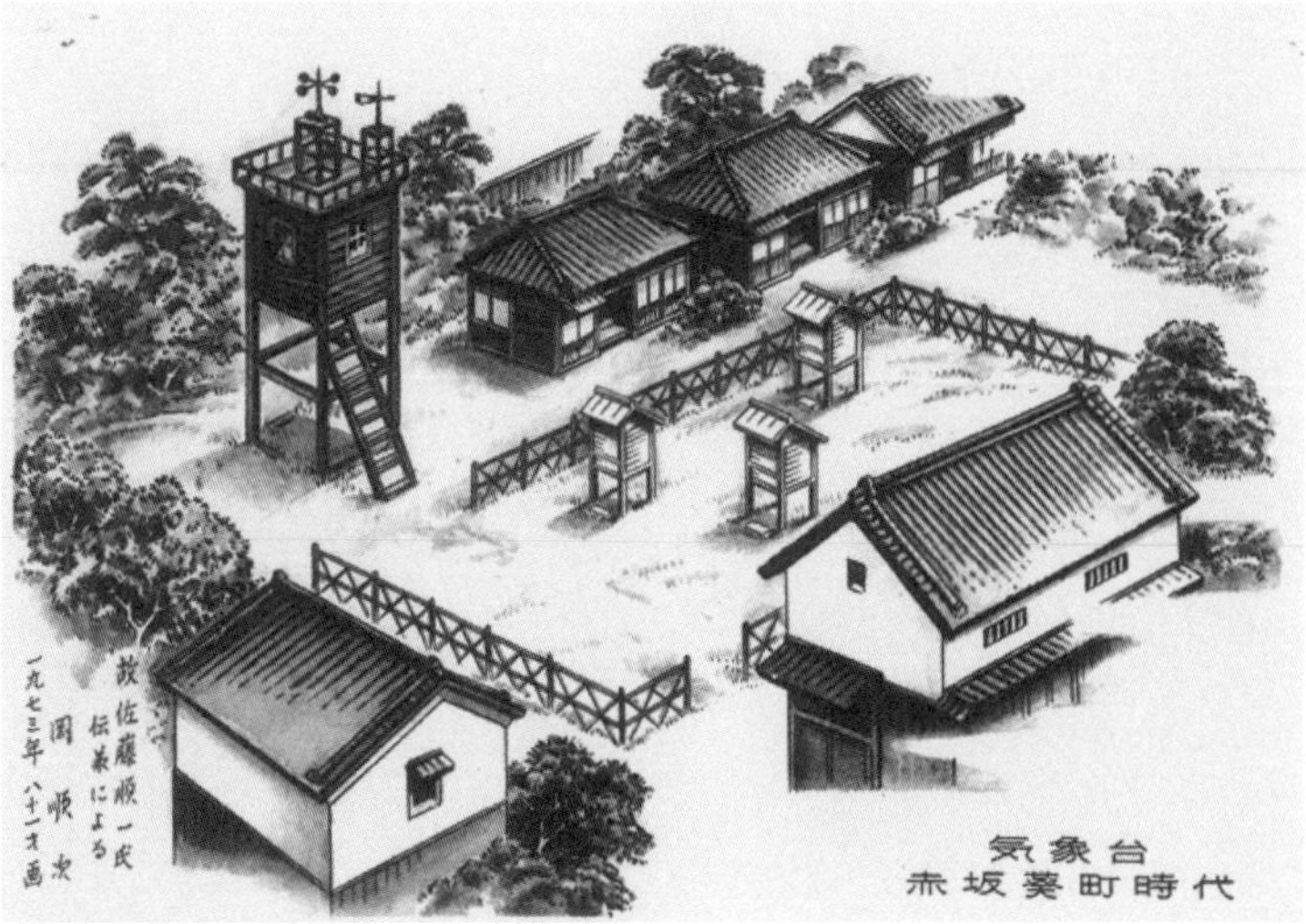

図表2−1　日本の気象業務の始まり

（出所）気象庁ホームページより
https://www.jma.go.jp/jma/kishou/intro/gyomu/index2.html

気象観測の開始にあたっては、英国人ジョイネルが大活躍し、その後、天気図を描いて暴風警報を出す仕組みの構築にあたって、ドイツ人クニッピングが活躍しました。クニッピングは暴風警報の発表に向け、電報の無償化、直轄測候所の設立、標準時刻による観測、通報形式の統一等の取り組みを進め、1883年には天気図を描いて暴風警報を発表する業務を開始しました。

お雇い外国人の功績は大きいですが、彼らを支えた日本人職員たちも、高い士気を持ち、短期間で準備を進めたと思われます。その結果、幕末から維新という大きな変革期にありながらも、日本は世界の最先端から大きく遅れることなく、暴風警報を発表できるようになりました。

日露戦争の日本海海戦（1905年5月27日）においては、中央気象台の岡田予報課長（のちの中央気象台長）が天気図を描いて日本海中部に低気圧が進む状況を把握しました。対馬海峡付近では天気は回復するが、風が強いという見通しから、大本営に「天気晴朗なるも波高かるへし」という予報文を送りました。

これを受けた大本営では、秋山真之中佐が「本日天気晴朗なれども波高し」という文を用いて日本海軍の士気を高めたとされています。なお、朝鮮半島や中国東北部に測候所を設置して気象観測を実施していたことも、日本海周辺の天気図を正確に描くためには重要でした。

西から東へ順調に進むことが多い温帯低気圧の暴風については、お雇い外国人の出身地である欧州の経験から学ぶところが多かったでしょう。しかし、日本付近では、南海上からやってくる台風による暴風がしばしば発生します。台風は突然方向や速度を変えることがあり、また南海上は観測点が少ないので台風を捉えるのは簡単ではありません。

その後、現在に至るまで、天気図は天気予報の基本中の基本となっています。モールス信号を聞いて天気図に各観測点のデータを直接書き込むプロがいた時代もありました。ラジオゾンデによる高層観測が始まり、上空の天気図が描かれるようになりました。そして、数値予報天気図をもとに、マン・マシンシステム（人間と機械の組み合わせ）で天気図を描くようになり、現在に至っています。予報官なら天気図を何千枚描いて初めて一人前、ということも語り継がれてきました。

天気図を描いて天気を予報するためには、長年の経験が重要でした。天気図を支えている学問に、総観気象学という分野があります。温帯低気圧は発生から衰弱までどんなライフサイクルを持つのか、どんな場合に発達するのかといった基本的な知見が、長年の経験とデータにより積み重ねられてきました。

特に上空天気図の登場により、高気圧・低気圧・前線などの3次元的な構造が把握できるようになりました。34頁で述べた南北の温度差からエネルギーをもらい高気圧や低気圧が発達する、傾圧不安定という理論が第二次世界大戦後に発表され、予報官の経験を体系化した総観気象学の裏付けとなり、予報に必要な知見が整ってきました。

一方では、コンピューターによる数値天気予報の精度が近年著しく向上し、数値天気予報への依存が高まっています。天気図の役割は、気象専門家が時々の気象状況を総合的に確認し、利用者とのコミュニケーションの手段として用いることに変わりつつあるのです。

数値天気予報（数値予報）の始まり

20世紀の初め、ノルウェーの著名な気象学者V・ビヤークネスが、物理法則に基づく天気予報の概念を示しました。これによれば天気予報が成功するためには以下の2つの条件があります。

①ある時刻における大気の状態が十分な精度で把握できていること

②ある大気の状態から時間と共に変化する際の法則について十分な精度で把握できていること

ある時刻の大気の状態がわかり、それが自然法則により時間と共にどう変化するのかがわかれば、次の時刻の大気の状態を計算できるはずです。これを次々と繰り返していけば、1日後、2日後の大気の状態がわかります。見事に数値予報の原理の核心を言い当てています。

当時、ノルウェーはビヤークネスを中心に、ベルゲン学派と呼ばれる気象学の先駆的な研究教育の場となっており、天気予報の基礎となる低気圧の発達衰弱の概念図など、総観気象学の基盤を構築しました。著名な気象学者であるロスビーや、のちに中央気象台長となった藤原咲平も、ノルウェーで研究生活を送っています。

ビヤークネスの考え方を身近な予測に例えれば、ボールをある方向にある速さで投げたときに、そのボールがどう飛んでどこに落下するか、ということになります（図表2－2）。野球でフライを捕球できるのは、ボールが飛び始めた段階からどこに落ちるかを予測できているからです。守りの上手な外野手は予測する能力が高いはずです。

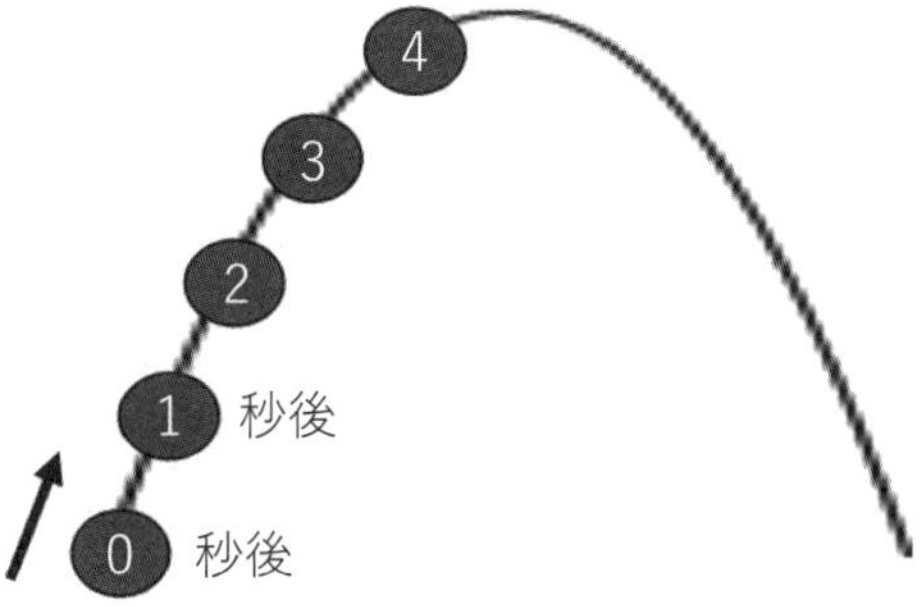

図表2−2 ある方向にある速さで投げたボールのたどる経路の予測

実際の大気の法則は、ボール投げほどには単純ではなく、数値積分と呼ばれる膨大な計算が必要になります。まだコンピューターがなかった時代、この計算に果敢に取り組んだのが、英国人の気象学者リチャードソンでした。

彼は、第一次世界大戦中に救護兵として戦場で働きながら、実際の観測データを用いて紙と鉛筆で数値積分の計算を行いました。長い時間をかけて計算したのですが、6時間の間に気圧は145ヘクトパスカルも変化、しかも不自然な振動という非現実的な計算結果が出てしまいました。

低気圧や高気圧の移動発達に伴う気圧の変動は、1日でせいぜい10〜20ヘクトパスカル程度ですし、大きな火山噴火や核実験によって数ヘクトパスカル程度の振動が出ることがあっても、このような大きな振動は起こりません。今の計算技術の知見からは、リチャードソンの数値計算の手法が未熟だったと考えられます。

図表2-3 **リチャードソンの夢　画　元気象庁村井健治さん**

（出所）https://www.jma.go.jp/jma/kishou/know/whitep/1-3-2.html

このように歴史に残る大失敗に終わりましたが、リチャードソンは1922年にこの失敗にも触れた『数値的手法による天気予測』という著書を執筆し、数値的天気予報の実用化に向けた夢を語っています。

明日の天気予報の計算をするのに、1週間をかけていては意味はありません。そこで彼は地球を模した大きな円形劇場に6万4000人の計算人を集め、短時間で明日の天気予報ができる仕組みを提案しました（図表2－3）。

計算のイメージとしては、たとえば東京を含む区域（格子）を担当する計算人が、この格子の現在の値から次の時間の値を計算します。その際、隣の名古屋を含む格子から流れてくる効果も取り入れる必要がありますから、名古屋の格子担当の計算人からそのデータをもらうとともに、東京の格子から名古屋の格子に与える影響のデータも渡します。

こんな形で地球各地の格子を担当する計算人が一斉に計算を進めます。データの受け渡しのところで、互いに時間を合わせる必要があるので、計算人が勝手なスピードで計算を進めてしまうとまずいことになります。そこで、円形劇場の真ん中にいる指揮者が、各計算人の進行状況をチェックして、タイミングを合わせるように指示をします。

リチャードソンは6万4000人の計算人を大きな円形劇場に集めて、一人ひとりが担当地域を決めて計算を行いつつ、隣の担当地域の計算人と結果を共有、さらに指揮者が計算の遅れが出ている地域がないかを確認しながら全体統括を行う、といった仕組みを夢として提案しました。コンピューターのない時代には、実用的な数値天気予報を行うためにこのような仕組みが必要でしたが、どう考えても施設費や人件費が膨大になり、実現は困難であっただろうと想像されます。

時代はやがて第二次世界大戦となります。ナチス政権を避けて米国に移住したフォン・ノイマンは、原子力爆弾の開発プロジェクトであるマンハッタン計画を推進しながら、コンピュータープロジェクトに関わっていました。

終戦後の1946年、社会応用プロジェクトとして、できたばかりのコンピューター（エニアック）を天気予報に活用することを提案、気象学者チャーニーをリーダーとするプロジェクトが始まりました。プロジェクトを進めるにあたり、リチャードソンの計算失敗の分析を加え、失敗を繰り返さないように計算手法を再検討しました。1950年、工夫された方程式系によって初めて数値予報に成功した論文が発表され、1955年、米国の気象業務としてIBM701を用いた数値予報がスタートしました。

日本でも1953年、東京大学教授気象学教室の正野重方が中心となって、気象庁（当時は中央気象台）と気象研究所、東京大学の研究者らが数値予報グループ（NPグループ）を立ち上げました。その中で、東京大学の岸保勘三郎の論文がチャーニーに認められ、岸保は20代の若さでプリンストン高等研究所の数値予報プロジェクトに招かれました。

当時、米国に行かないとコンピューターに触ることはできませんでした。岸保はプロジェクトにおけるさまざまな知見やコンピューターについての貴重な体験を日本に持ち帰り、日本の数値予報の立ち上げに貢献しました。

もちろん、研究開発だけでは数値予報は始まりません。1956年暮れ、気象庁の従来予算の15%増という異例の形で予算内示を受け、コンピューターの機種選定、職員らのカードパンチによるプログラム開発の研究が始まりました。1959年1月にはIBM704が横浜港に到着、6月には数値予報業務を開始、スウェーデン、米国に続き世界で3番目に早い数値予報のスタートでした。

気象庁の電子計算室の開発スタッフを取り仕切る初代の数値予報班長は、岸保勘三郎が東京大学から気象庁に異動してその責を果たしました。岸保はその後東京大学教授として大学に戻り、私もその最後の教え子の一人です。私自身、気象庁に就職して数値予報の仕事をしていたのですが、岸保先生は大学を退職後も数値予報課のコロキウムに参加、技術指導のため、私のところにもしばしば訪問いただいたことを覚えています。

一方、日本の数値予報グループですが、当時まだ日本は貧しくコンピューターがほとんど使えなかったこともあり、優秀な研究者の多くは米国に渡り、数値シミュレーションの世界的な学者として活躍された方々がキラ星のごとくいました。

台風研究の大山勝道、栗原宜夫、モンスーンや熱帯気象の柳井迪雄、メソ現象に変分法解析の佐々木嘉和、数値計算そして対流のパラメタリゼーションの荒川昭夫、数値モデルの笠原彰、力学的季節予報の都田菊郎、そして地球温暖化研究で知られる真鍋淑郎（2021年ノーベル物理学賞）も、数値予報の研究をしていました。ここで上げた方々すべてに私もお会いして話したことがあります。真鍋先生以外は他界されてしまいましたが、これらの先生方からは、多くのことを教えていただきました。

数値予報の現在

ここで、もう一度ビヤークネスの提唱した数値予報の原理に立ち返りつつ、現代の数値予報を解説してみます。

①ある時刻における大気の状態が十分な精度で把握できていること

これを実現するためには、ある時刻の大気を観測したデータが多数集まることが必要です。観測データの基本は、昔の百葉箱のイメージに近い地上観測データです。もともと人力で行ってきた観測ですが、今ではアメダスのような自動観測、自動データ収集が多くなってきています。

また大気は上空高くまであり、高気圧・低気圧を捉えるためには、上空の観測が必要です。このため、気球に観測測器をぶら下げて上空に飛ばし、電波で観測結果を地上に送信するラジオゾンデによる高層観測が始まりました。日本では1920年、現在のつくば市で高層気象台が発足、日本の高層気象観測を発展させてきました。

その後、航空機による上空の気象観測、さらには人工衛星による宇宙からの気象観測など、さまざまな観測結果を使って、ある時刻における大気の状況を把握するようになりました。観測結果と数値モデルの結果を合わせ、データ同化と呼ばれる手法で上空を含む詳細な気象状況を把握できるようになったのも画期的な進歩でした。

②ある大気の状態から時間と共に変化する際の法則について十分な精度で把握できていること

リチャードソンと同じく、大気を支配している方程式を用いて、地球上の大気を3次元の格

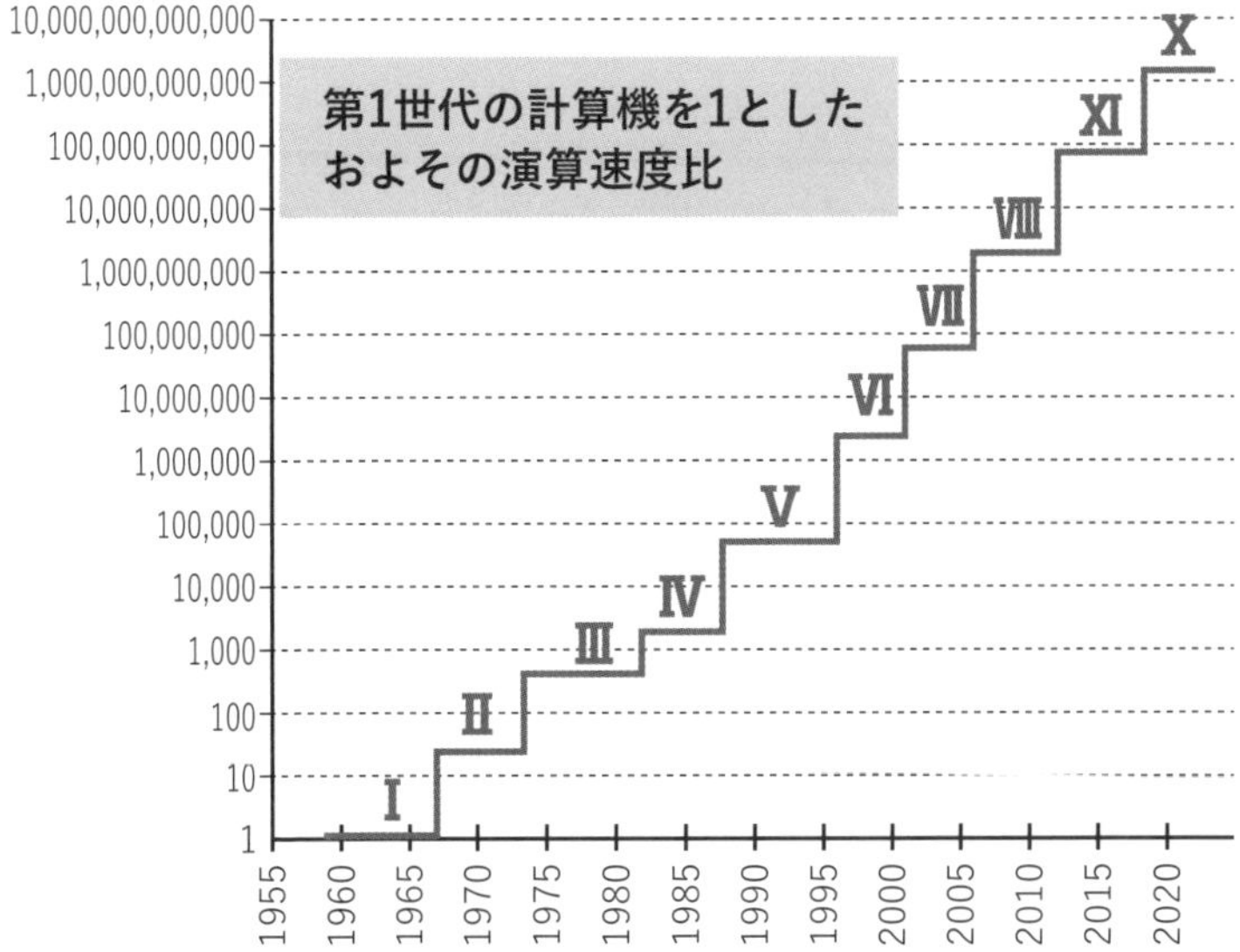

図表2−4
気象庁の数値予報に使われた過去10代にわたる計算機の計算速度の比較

（出所）気象庁予報部数値予報課　数値予報60年誌より
https://www.jma.go.jp/jma/kishou/know/whitep/1-3-2-1.html

子に分け、それぞれの箱における気温や風などの時間変化を刻々と計算していく、数値計算という手法によって、明日明後日の気象を予測します。

予測精度を高めるには、格子の箱の大きさをどこまで細かくできるかが重要です。細かくすればするほど精度は上がりますが、計算量は格段に多くなります。たとえば、南北東西それぞれ半分の長さの箱にすると、計算量は約8倍になります。

数値予報は1959年に開始しましたが、予報官の信頼はなかなか得られませんでした。というのも、当時は人工衛星の観

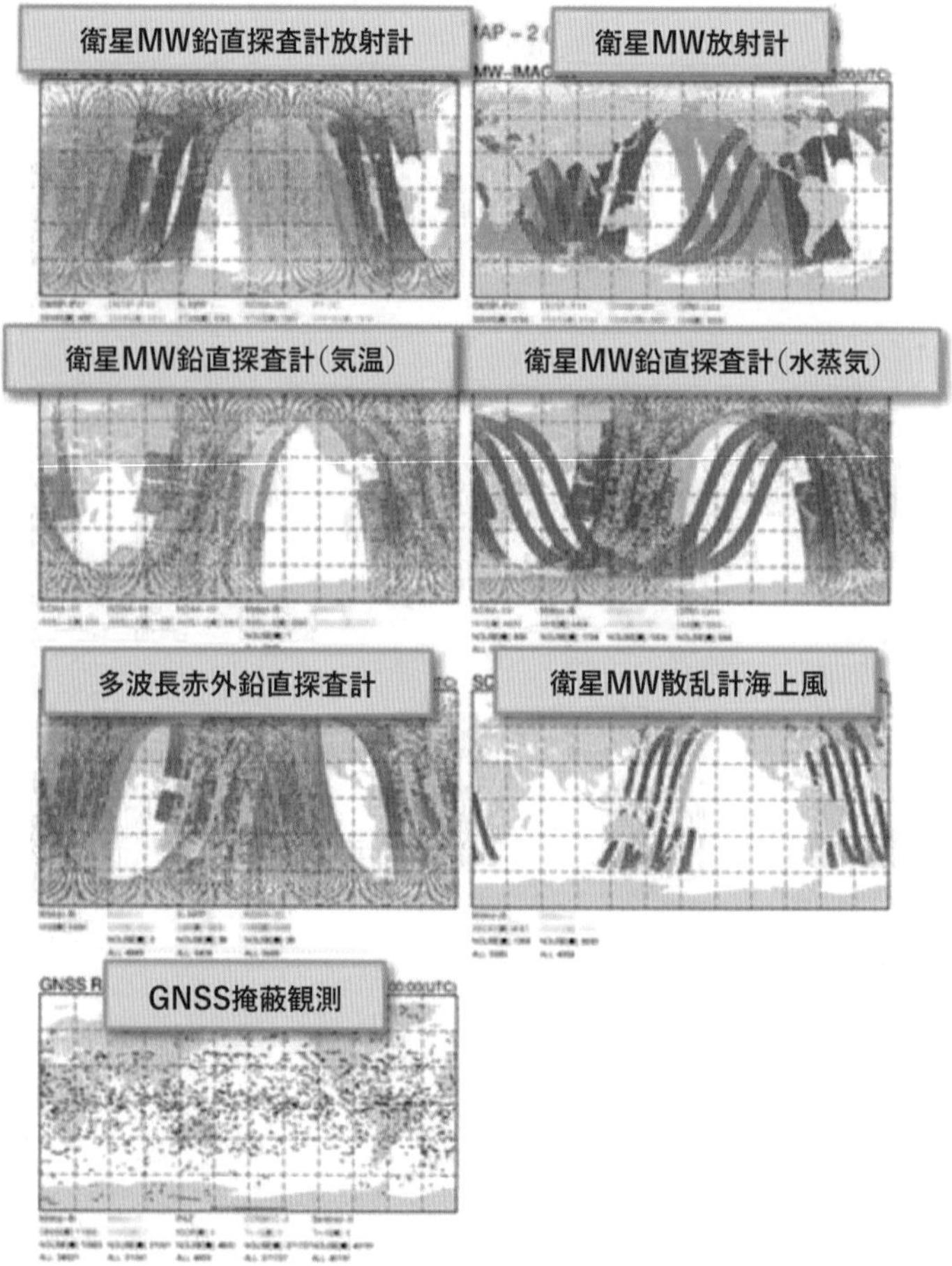
衛星MW鉛直探査計放射計
衛星MW放射計
衛星MW鉛直探査計(気温)
衛星MW鉛直探査計(水蒸気)
多波長赤外鉛直探査計
衛星MW散乱計海上風
GNSS掩蔽観測

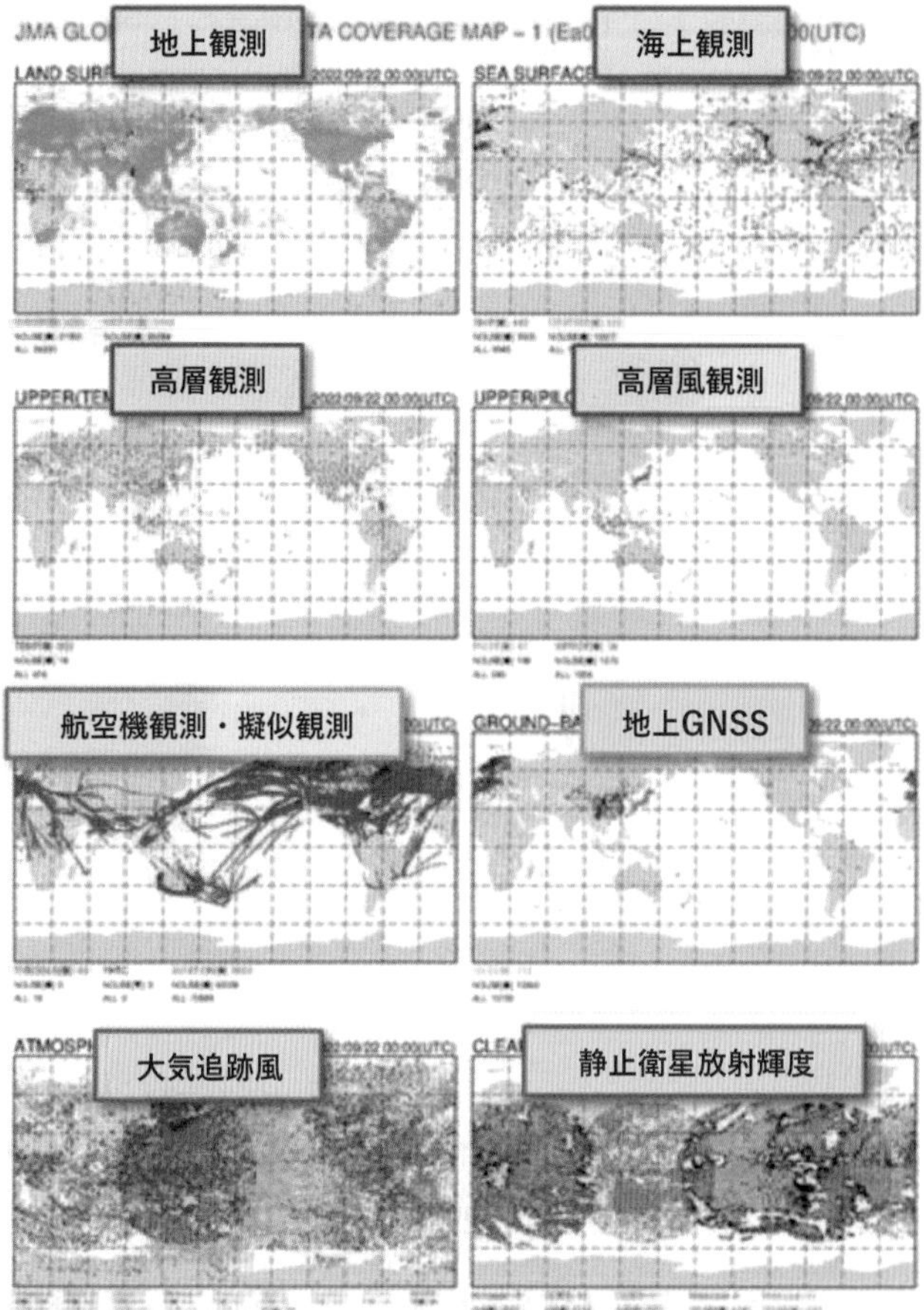

図表2-5　全球予報の初期値解析に使われる観測データの分布

（出所）令和4年度数値予報解説資料集　気象庁より

測はなく、コンピューターの性能も今と比べると雲泥の差があり、予測誤差が大きかったのは事実です。図表2－4は、気象庁の過去10代にわたる数値予報用コンピューターの計算速度を比較したものです。1959年に導入したコンピューターの性能を1とすると、現在気象庁で使っているスーパーコンピューターの性能は約1兆倍にもなります。私の手元にあるiPhone14でも、十数年前の気象庁のスパコンに匹敵する計算能力を持っています。

これは、今のパソコン程度のコンピューターでも、ひと昔前の気象庁の数値予報くらいの計算ができてしまうということでもあります。20年ちょっと前まで、私もスーパーコンピューターで数値予報モデルの開発をしていたのですが、当時のスパコンの計算速度より今のスマホのほうが速いと聞くと、複雑な思いがあります。

数値予報には、観測データがなくてはならない材料です。気象庁では図表2－5のように世界の膨大な観測データを日々収集し、予測の初期条件の解析に用いています。ボール投げの例では、ボールを投げる方向と速度を知る部分に、膨大な観測データを処理する作業が対応します。

こうした観測データの中には、品質に問題のあるデータも混入しており、誤った観測データを除去する品質管理が重要です。また、データが入電するまでに時間のかかるものもありますす。なるべく多くの観測データが集まってから解析したいのですが、早く予報を提供する必要もあり、ある時点までで収集できた観測データのみを使って解析を行います。

気象状況の「いま」がわかれば、それを初期値として数値予報モデルを使い、コンピューターで1日先、2日先を予測していきます（図表2－6）。数値予報モデルとは、大気の動きと状態の変化を決めるさまざまな自然科学の法則をもとに、コンピューターを使って予測できるようにしたプログラム群です。

　地球が回転する球体であること、太陽からの日射を受け地球から宇宙に赤外線が出ていること、大気は水と同じ「流体」の性質を持つので流体力学の方程式を用いることなど、自然の法則を数式化し、コンピューターで計算可能な形に書き換えていきます。

　この書き換えの際に、大気という連続的な性質を持つ対象を格子に切り分けていきます。こ

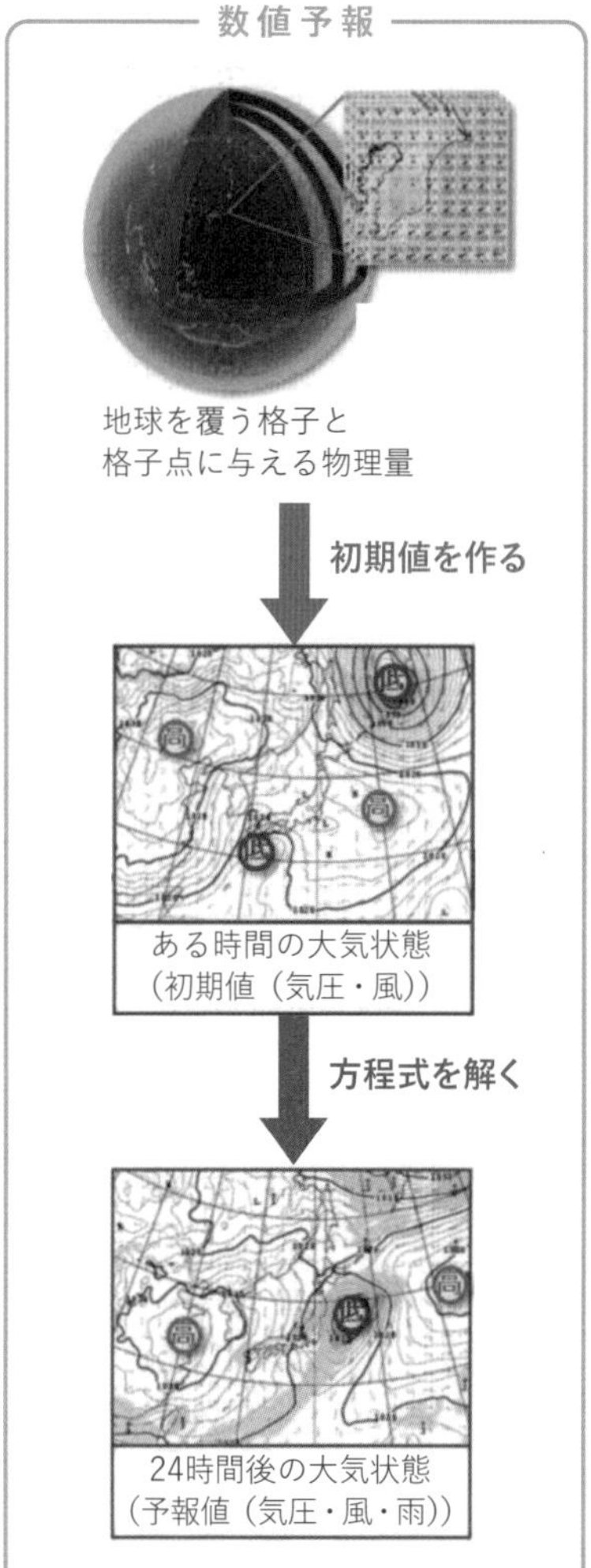

図表2−6　数値予報の概念図

（出所）令和4年度数値予報解説資料集　気象庁より

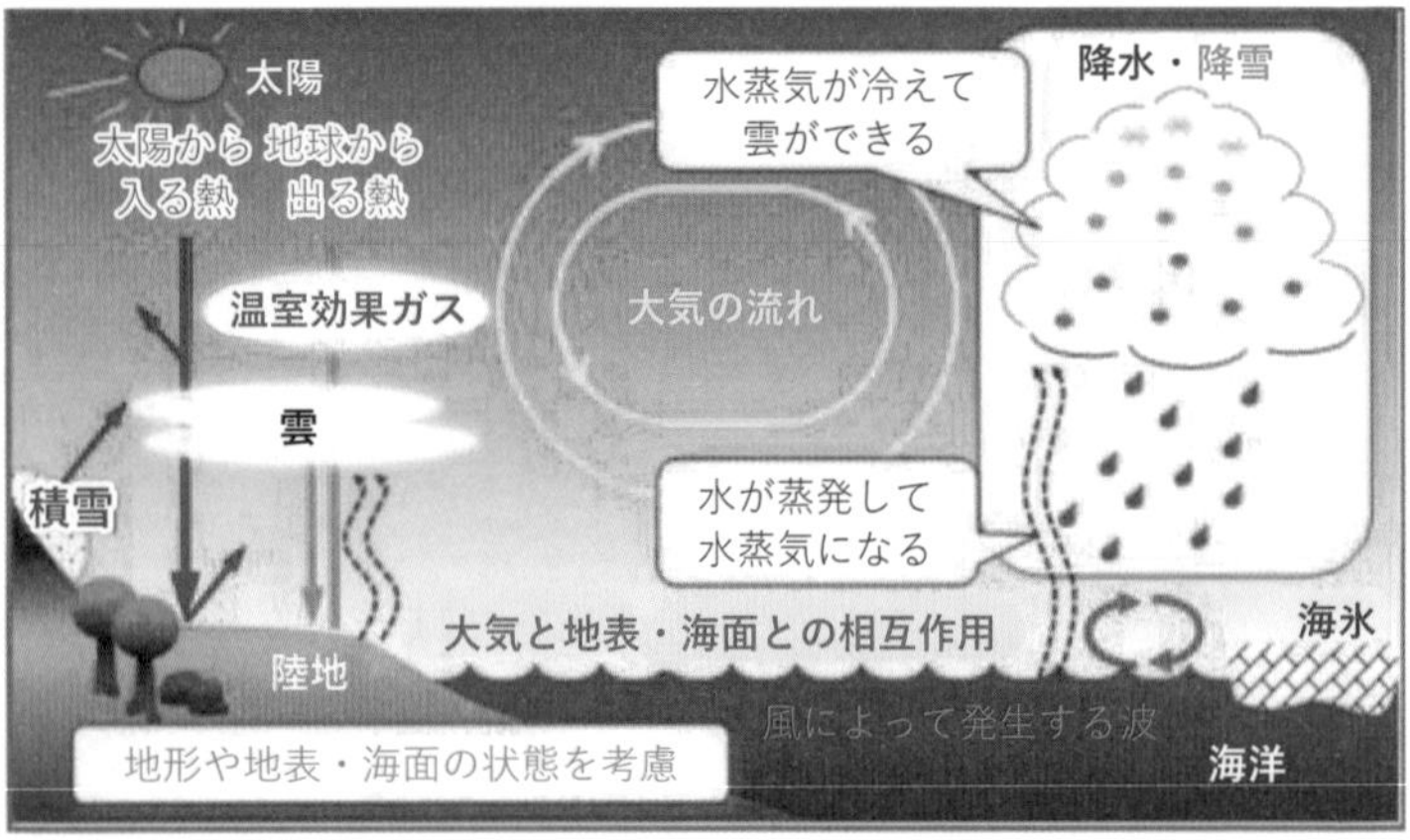

図表2−7　数値予報モデルの概念図

（出所）令和4年度数値予報解説資料集　気象庁より

の格子が細かければ細かいほど、計算精度が上がります。計算自体にもリチャードソンの失敗を繰り返さないことを含め、さまざまな工夫がなされています。

数値予報モデルの概念図を図表2−7に示しました。真ん中に大気の流れがあります。自然科学の法則を用いて、大気の流れに関係する風や気温などの格子の中の要素を時々刻々と予測することができます。格子の大きさは、日々の天気予報を行うモデルでは数キロメートルから数十キロメートル程度です。数十キロメートルの格子で計算するモデルでは、積乱雲の広がりは数キロメートル程度なので、積乱雲そのものは予測できません。

しかし、前章で触れた通り、積乱雲は地球上の大きな大気の流れに影響を与えるため、積乱雲の効果を計算に取り込むことが必要です。この取り込み部分をパラメタリゼーション、あるいは物理過程と呼びます。

第1章で述べた、太陽の日射を受けて地表面や大気から赤外線が放出される効果も、物理過程で計算されています。格子の気象要素をもとに物理過程を計算し、その結果を格子の気象要素に反映するという形で、物理過程は数値予報の結果に影響します。この物理過程の改良も天気予報の精度に大きく関わっています。

このようにコンピューターによる予測においては、一つ一つの格子ごとの気温、風などを刻々と予測しています。予測には格子ごとの初期値が必要です。ところが、観測点は偏った分布であり、点で観測された気象データを、格子の値に反映させる必要があります。これを可能にするのが「データ同化」と呼ばれる技術です。

図表2－8でデータ同化の手順を説明します。色の異なる円が規則的に並んでいます。円はモデルで計算する各格子に対応し、色は格子ごとの気象要素の値を示しています。この値は、3時間前の初期値から3時間先を予測した結果です。これを現在の格子の仮値（第一推定値）として採用します。一方、星印は観測点の位置と観測結果です。

まず、観測点の分布が偏っていることがわかります。観測値は、第一推定値との差を使って第一推定値を修正することに使います。修正の際には、観測誤差やモデル予測の誤差、格子から観測点までの距離などを考慮します。

ここでは詳しく述べませんが、解析手法についてはさまざまな選択肢があり、手法の発展に

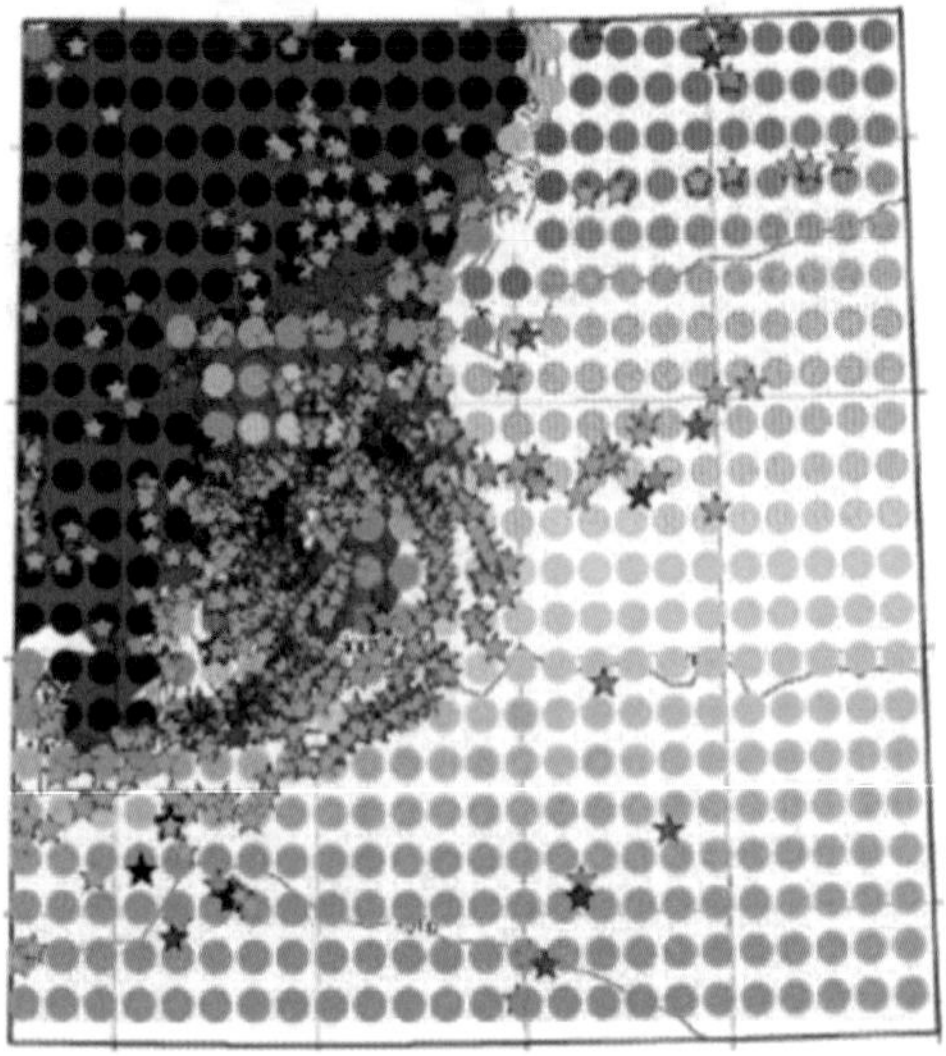

図表2−8　データ同化の概念図

（出所）令和4年度数値予報解説資料集　気象庁より

より天気予報の精度が高まってきています。

気象庁の予報モデルには、全球モデルと領域モデルがあります。地球全体を予測するのが全球モデルです。大気には国境がなく、地球の裏側からも天気の変化が伝わってくることから、数日以上先を予報するために全球モデルが必要です。精度を上げるためには、格子をできる限り細かくしたいのですが、地球全体を細かくしていくと、計算量が膨大になってしまいます。

そこで、全球モデルの格子の大きさは10キロメートルから20キロメートル程度にし、数キロメートル程度の細かさで計算する際には、日本付近に限定した領域モデルで計算する形でモデルを使い分けています。

全球モデルは、地球全体を計算するので、水平方向に境目はありませんが、領域モデルは限られた領域内だけで計算するので、領域の縁が境目になります。この境目については、全球モデルの予測結果を使うようにしています。このため、領域モデルの結果は全球モデルの結果の影響を受けています。

数値予報の精度とアンサンブル予報

数値予報が始まった当初よりはるかに豊富になった観測データと、はるかに高速になったスーパーコンピューターのおかげで、天気予報は飛躍的に向上しました。地球全体の気象を予測する全球モデルの予報誤差が、時代と共にどう変わってきたのかを見てみましょう（**図表2－9**）。

1980年代後半の24時間予報の誤差は20メートル程度でしたが、最近は72時間予報の誤差が20メートル程度です。かつての24時間予報の精度と同じ精度で、72時間先を予報できています。

予測精度の向上の理由には、格子が細かくなってきたことに加え、物理過程の計算手法の改良、観測データを同化する手法の改良などがあります。単にコンピューターが高速化しただけではなく、多岐にわたるプログラム開発と、膨大な予報実験の成果でもあります。

忘れてはならないのは、観測技術が発展し、宇宙からの気象観測である衛星観測により、陸

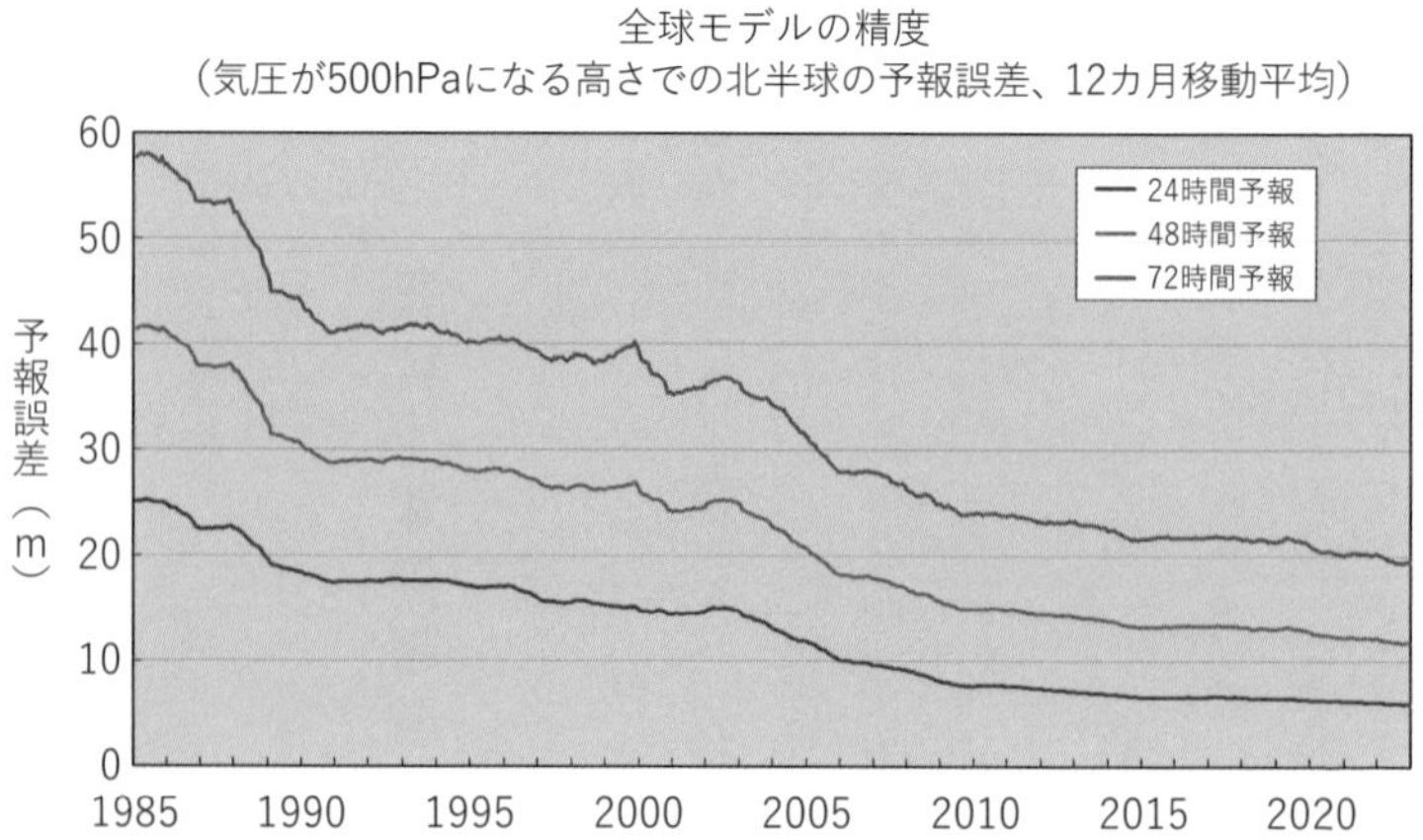

図表2-9　地球全体の気象を予測するモデルの精度（気圧が500hPaになる高さでの北半球の予報誤差（二乗平均平方根誤差：RMSE、12カ月の移動平均）

（出所）気象庁ホームページより　https://www.jma.go.jp/jma/kishou/know/whitep/1-3-9.html

上のみならず、海上についても観測データが得られるようになったことです。数値予報の原理からもわかるように、初期条件として世界の気象をコンピューター上に精度良く再現することは、数値予報の精度向上にきわめて重要です。

ある観測データのインパクトを客観的に示すためには、その観測データを使った数値予報と使わない数値予報を比較します。これを「観測システム実験：OSE」と呼びます。観測データの価値を知る上で非常に重要な数値実験です。一方、時代と共に発展してきた観測データの影響を調べるためには、「再解析」と呼ばれるプロダクトを利用することで、総合的な評価が可能になります。

再解析については、第4章で詳しく説

明します。端的に述べると、今まで述べてきた数値予報の処理と全く同じことを、過去の観測データを用いて実施します。

数値予報モデルやデータ同化手法は同一のものを用い、過去の観測データを入力することで最新の数値予報システムによる高精度の解析ができます。この解析値を初期条件として予報実験を行うことで、さまざまな時代の観測データによる数値予報精度への影響を調べることができます。

同じ数値予報モデルとデータ同化システムを使って比較するので、数値予報精度の違いは、用いている観測データの違いが反映されていると考えることができます。

図表2－10は北半球の中高緯度における48時間予報誤差を、気象庁の長期再解析の第1版と第2版、および気象庁の現業の数値予報の結果で比較したものです。まず灰色の実線が日々の天気予報に用いられた現業の数値予報の誤差です。時代と共に誤差が小さく（精度が向上）なっていますが、これは観測データの発展だけでなく、数値予報モデルやデータ同化手法の改良の効果も含んでいます。

再解析の結果を1990年代で比べると、誤差は天気予報で使った数値予報の結果よりも小さくなっています。これは、再解析に用いた数値予報のプログラムが天気予報で使っていた当時のプログラムより新しく改良されているからです。再解析については、第2版のほうが第1版よりも新しい数値予報のプログラムを使っているので誤差が小さいことがわかります。そし

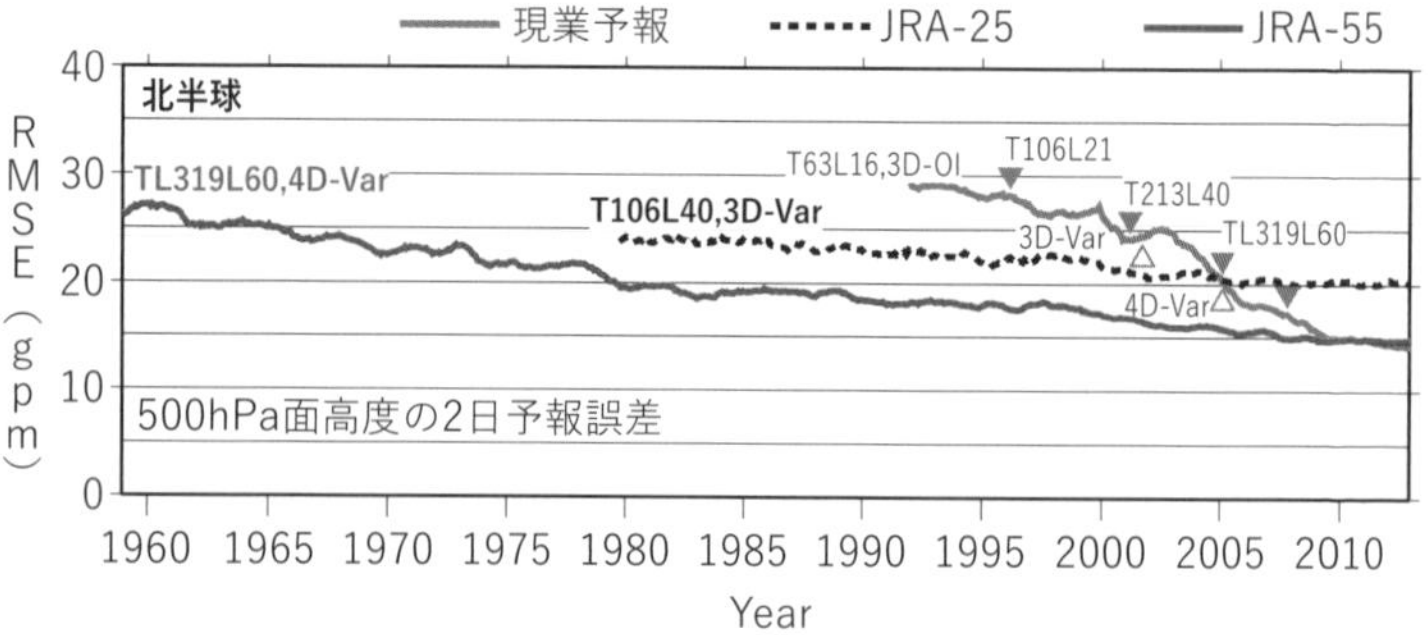

図表2–10　北半球の中高緯度の気圧が500hPaとなる高さにおける2日予報の高度誤差

（注）横軸は西暦年、実線が天気予報に用いられた数値予報結果、点線は気象庁の長期再解析第1版（JRA-25）赤線は第2版（JRA-55）

（出所）平成26年度季節予報研修テキスト　気象庁より（一部改変）

て、誤差はどちらも時代と共にゆるやかに縮小しています。

この誤差の縮小は主に観測データの発展が原因と考えられます。1980年代以前は、ラジオゾンデの観測が増えていった時期、1980年代以降は衛星観測や民間航空機の観測等が拡大した時期で、こうした観測データの拡大が誤差の縮小につながっていると考えられます。

このように数値予報の精度は時代と共に向上してきましたが、ボールを投げてどこに落ちるか、という予測に比べると、まだまだ確実ではありません。ボール投げと気象予測との根本的な差として、後者は非線形と呼ばれる効果が予測方程式に入っていることがあります。非線形によってわずかな差が時間と共に大きく拡大します。

バタフライエフェクト（蝶の羽ばたき効果）

という言葉を聞いたことがあるかと思います。ビヤークネスもリチャードソンも思いつかなかった、天気予報の大きな課題を世に初めて示したのは、1963年のローレンツの論文でした。ローレンツはコンピューターで予測計算を行っている最中にコーヒーの休憩をとり、メモをとった計算の結果から計算を再開したところ、わずかな差が大きな差になっていることに気づきました。これが「カオス」の発見につながったのです。

1972年、ローレンツはアメリカの科学振興協会で「ブラジルでの蝶の羽ばたきはテキサスでトルネードを引き起こすか」という講演を行い、「バタフライエフェクト」という言葉が世の中に広がるきっかけとなりました。

バタフライエフェクトは天気予報の敵《かたき》のようなものです。特に数日以上先の天気予報については、ボール投げの予測のように「必ずこうなります」とはなりません。気象現象には、わずかな初期値の違いが大きな違いに成長していくカオスの性質が存在します。カオスの課題に向き合うため、確率論的な予測が導入されるようになりました。確率論的な予測技術のツールの一つに、多数の予測をもとに統計的な処理をするアンサンブル予報という手法があります（図表2－11）。

気象現象のカオスの性質を踏まえ、わずかな違いを持つ多数の初期値をもとにそれぞれ予測計算をします。わずかな差は、時間が経過すると大きな差に成長します。この多数の予測結果をひと束にして統計処理を行い、平均値をとったものがアンサンブル平均です。

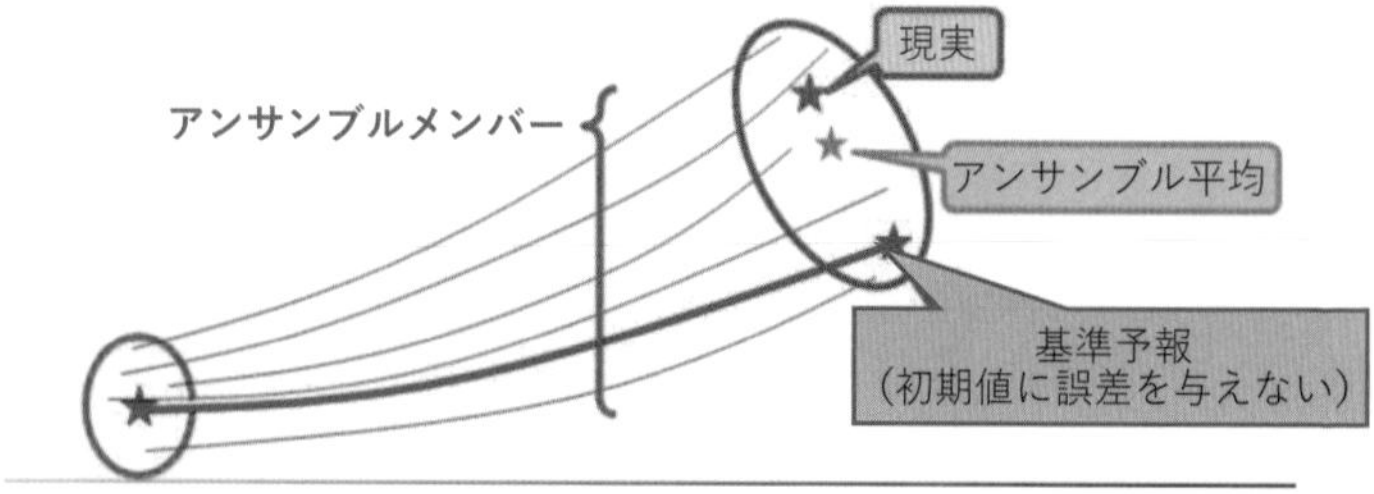

図表2−11　アンサンブル予報の概念図

（出所）令和4年度数値予報解説資料集　気象庁より（一部改変）

個々の予測結果よりも、アンサンブル平均のほうが統計的な誤差は小さくなります。平均だけでなく、個々の予測結果のばらつき具合も重要な情報であり、今日の予報はどれくらいの信頼度があるのかという目安になります。このばらつき具合の情報は、台風予報の予報円の大きさに反映されるようになりました。台風予報の中で、最悪の場合どんなことが起きうるのか、というような目的にも使えます。

気象庁の現業数値予報

限られた計算資源の中で効果的に予測を行うため、気象庁ではいくつかの数値予報モデルを運用しています。前述の通り、地球全体を計算する全球モデル（GSM）と、領域を限定してより細かな格子を使って計算する領域モデルがあります。近年の全球モデルの格子は20キロメートル程度でしたが、2023年3月に13キロメートル程度に改良されました。領域モデルには、格子間隔5キロメートルのメソモデル

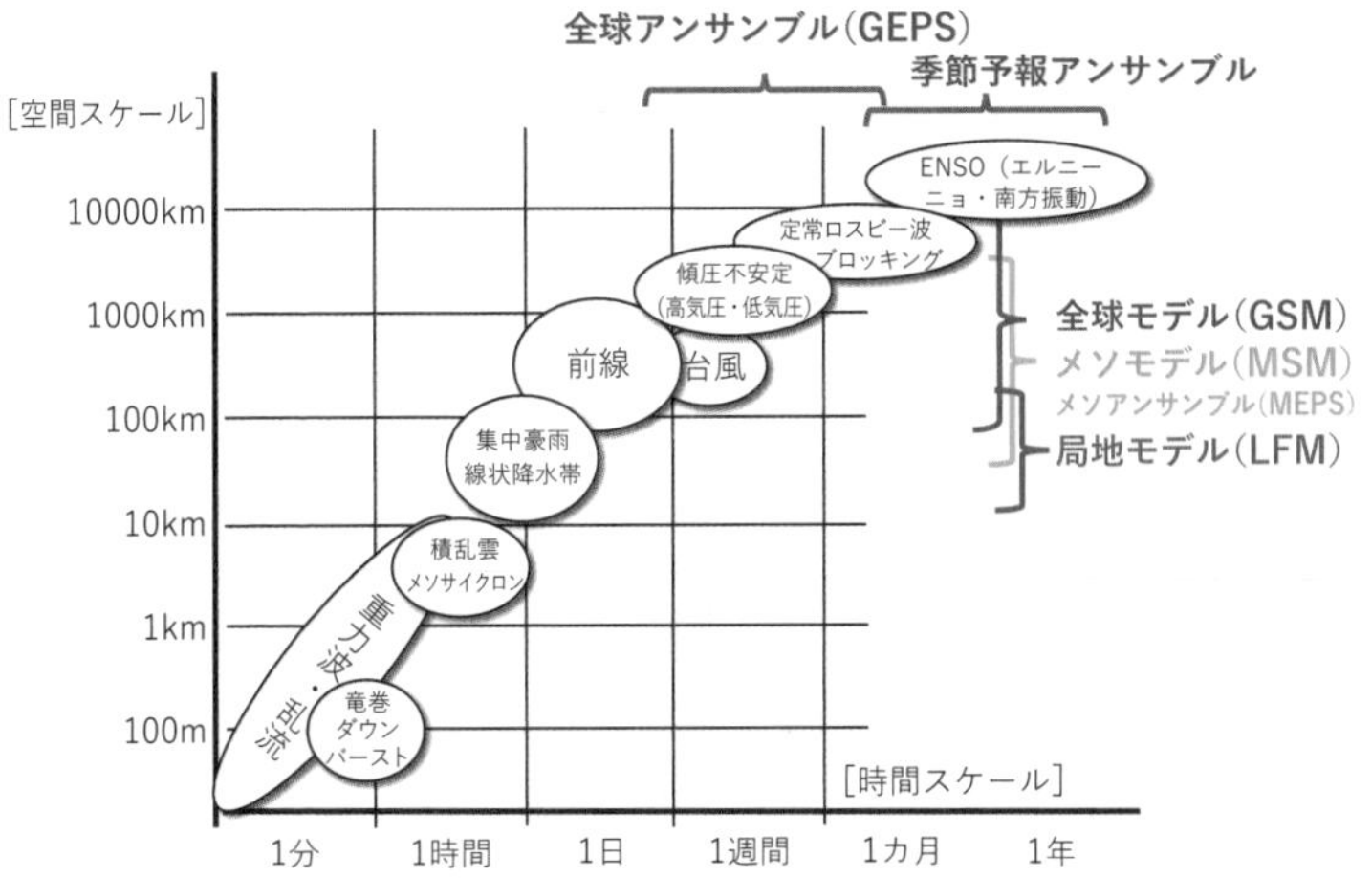

図表2−12
さまざまな現象の時空間スケールと気象庁の現業モデルの守備範囲

（ＭＳＭ）と格子間隔2キロメートルの局地モデル（ＬＦＭ）があります。さらに、アンサンブル手法を使うものと使わないもの（決定論的予報）があります。

季節予報など長期間の予報を行うためには、海面水温の変化が重要になってくるので、大気のモデルと海洋のモデルを組み合わせた大気海洋結合モデルを使います。原理的に確率的な予測になるので、アンサンブル手法を用いています。

第1章でさまざまなスケールの大気現象の図を掲載しましたが、それぞれの現象に対応する数値予報モデルを追記して再掲します（**図表2－12**）。

このように、さまざまな時空間スケールの現象がある中で、数値予報モデルは役割分担をしながら運用されています。空間ス

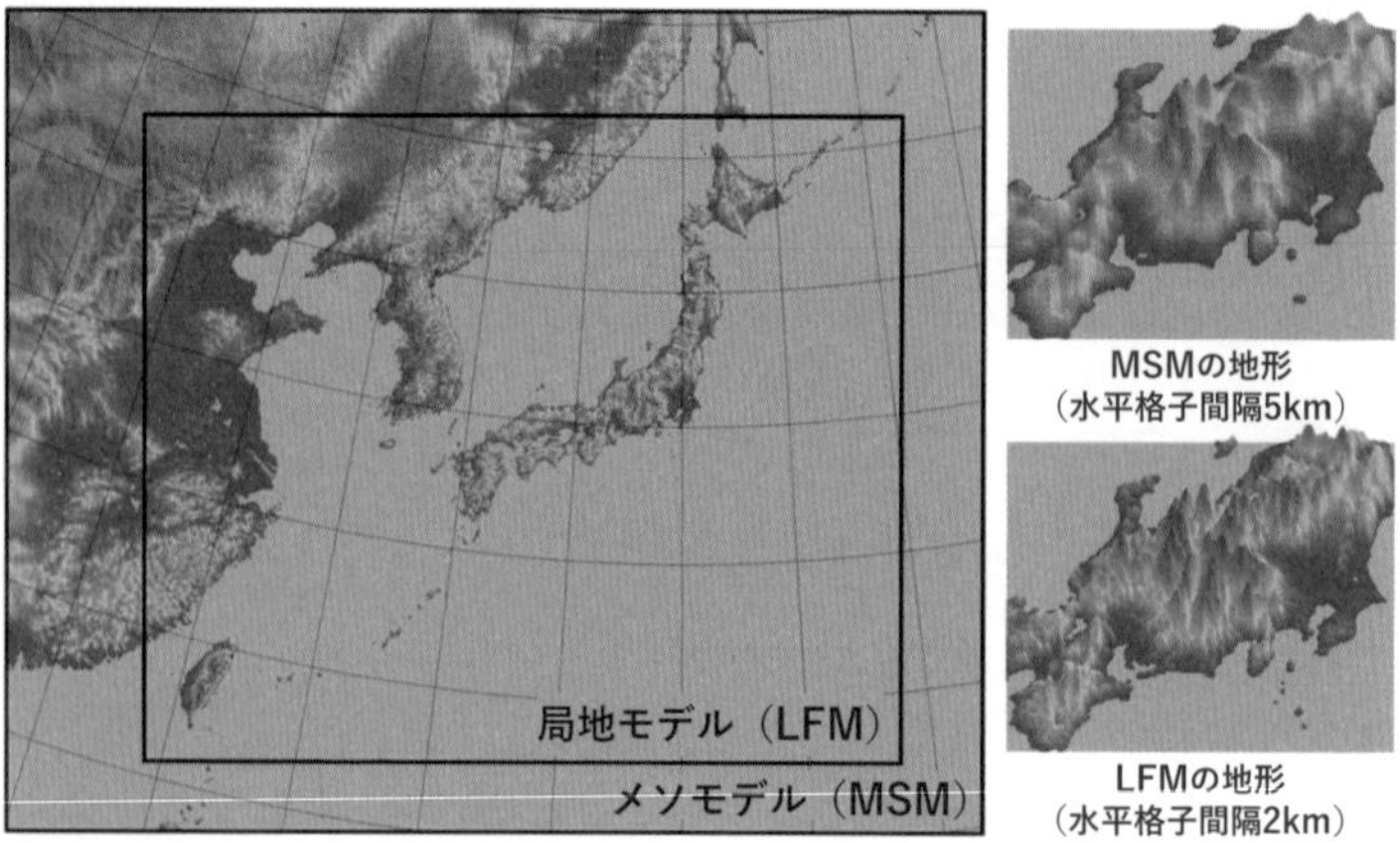

図表2−13　メソモデル・局地モデルの領域（左図）と、メソモデルの地形（右上図）と局地モデルの地形（右下図）

（注）地形の計算には米国地質調査所（USGS）のGTOPO30の約1km（緯・経度で30秒）毎のデータを利用

（出所）https://www.jma.go.jp/jma/kishou/know/whitep/1-3-6.htmlより

ケールの小さい現象は時間スケールも短いという関係があるおかげで、役割分担がうまくできている面もあります。

領域モデル（図表2－13）は細かな格子間隔における計算が可能です。細かな地形を反映することができ、スケールの小さな現象の予測に適しています。ただ、領域を限って計算していますので、予測時間が長くなると、領域の外側からの影響が大きくなってきます。

たとえば、メソモデルの場合には、領域の外側からの情報は全球モデルを用いていますので、粗い格子間隔で計算されたモデルの結果の影響を受けることになります。メソモデルの予測対象として重要な集中豪雨などは、時間スケールは1日未満が普通です。こうした領域の外側の影響は、領域の外枠から遠い日本列島ではそれほど深刻ではありません。

なお、格子間隔が2キロメートルであれば2キロメートルのスケールの現象を表現できるかというと、そうではありません。数値計算の誤差などを勘案すると、格子間隔の5～8倍程度以上の大きさの現象を表現できます。2キロメートル格子の局地モデルでは10キロメートルスケールより大きな現象が予測できます。

これを頭に置いて、もう一度役割分担の概念図を見ると、水平スケール10キロメートル以下にさまざまな現象があることがわかります。また、社会のニーズとしても、ある場所でどれくらい雨が降るのか、どんな強さと方向の風が吹くのか、ピンポイントのニーズが強くなっています。

もちろん、計算能力がさらに高まることで、より細かな格子間隔の数値予報モデルになる可能性がありますので、その方向性を追求していくことも重要です。もっとも100メートル格子間隔で日本全国をカバーするような数値予報モデルの実用化は、コンピューターの高速化の動向から数十年間は難しいと考えられます。またそれができたとしても、初期条件を決めるのに必要な観測データを、100メートル相当分解能で得られるのかどうかという課題が残ります。

そこで、たとえば5キロメートル格子間隔のメソモデルのデータから、さまざまな手法により細かなスケールの情報を得る工夫が重要になります。手法として一つはＡＩにも通じるガイダンス技術、もう一つは、力学的ダウンスケールです。なお、1時間先の予測などは、数値予報よりも実況を重視した運動学的手法による予測のほうが、精度は高くなります。

運動学的手法とは、たとえば、過去1時間の雨雲の動きを把握し、過去1時間の動きと同じように今後1時間も動くということを基本に予測する手法です。この手法による1キロメートル、あるいは250メートル格子の予測については、107頁で説明します。

数値予報を実用化する段階から、粗い格子間隔を用いて計算された予測結果と、点で観測された結果とのギャップをどう埋めるかが課題でした。当時は数値予報の精度が低く、予報官からの信頼感も得られていないという状況もありました。このため、数値予報の計算結果を気象庁発表の天気予報などに活用するための翻訳ツールとして、ガイダンス技術（第4章参照）が発展したのです。

コラム

台風情報とその使い方

台風の情報はどのように作られ、どう活用すべきでしょうか。

台風の予測においては、進路がどうなるのか（進路予報）と、勢力がどうなるのか（強度予報）が重要です。予測のためにはまず、実況把握が基本となります。静止気象衛星が捉えた雲の画像などの観測情報をもとに、台風の中心位置、強さ、大きさを解析します。

台風は、10分間平均の最大風速が44メートル／秒以上、54メートル／秒未満になれば、「非常に強い」という階級に入ります。台風の大きさは、強風域（風速15メートル／秒以上の風が吹いているか、吹く可能性がある範囲）の半径で分類します。５００キロメートル以上８００キロメートル未満であれば、「大型」の階級となります（**図表2－14**）。

報道機関で台風情報を伝える際には、たとえば「大型の非常に強い台風第12号」のように使います。

過去においては、強さについて「並みの強さ」「弱い」、大きさについて「中型」「小型」「ごく小さい」といった階級がありました。しかし、１９９９年、神奈川県の玄倉《くろくら》

台風の強さの表現	最大風速（台風域内の10分間平均風速の最大値）
（表現しない）	33m/s未満
強い台風	33m/s以上　44m/s未満
非常に強い台風	44m/s以上　54m/s未満
猛烈な台風	54m/s以上

台風の大きさの表現	強風域の半径
（表現しない）	500km未満
大型（大きい）	500km以上　800km未満
超大型（非常に大きい）	800km以上

図表2-14　台風の強さ（上）および大きさ（下）の表現

（出所）気象庁リーフレット「台風情報の見方」より

川で、「弱い熱帯低気圧」による大雨によってキャンプ客が濁流に流され、13人が死亡した事故が発生しました。これがきっかけとなって「弱い」や「小型」など、油断を誘う表現が廃止になりました。台風の勢力にかかわらず、大雨による被害がたびたび発生している背景を踏まえての変更でした。

台風の観測に基づく情報はデータ化され、数値予報の初期値解析に取り込まれます。この初期値をもとに数値予報の計算を行うことで、明日、明後日、さらには5日先などの台風を予測できます。

インターネットで目にする他国の気象機関による台風の予測は、こうした数値予報の結果を可視化したものが多くなっています。一方、気象庁は、数値予報の結果をそのまま台風の予報とはしておらず、観測データや台風強度予報ガイダンス、ECMWFなど他の気象機関の数値予報結果も参考に、予報官が最終的に判断した予報を提供しています。

米軍の合同台風警報センター（JTWC）も同様に、最終的には人間が判断し、予報を発表しています。なお、台風やハリケーンなどの熱帯低気圧の情報については、国際的な役割分担があって、日本は北西太平洋域の台風についての情報を一元的に発表する地域センターになっています。

各国が国民に伝えている台風情報は、こうした地域センターの情報に基づきながらも、最終的には各国がそれぞれの方式で提供しています。

図表2-15は、日本における台風予報図です。まず現在の台風の中心を過去の経路とともに示し、風速25メートル以上の暴風域を赤円、風速15メートル以上の強風域を黄色円で示します。台風の大きさや強さの階級、進行方向や速さ、中心気圧、中心付近の最大風速、最大瞬間風速、暴風域、強風域の大きさなどのデータは、右下に文字情報で示されています。ここまでは観測に基づく実況情報です。

居住している地域が強風域や暴風域に入っているのにそれほど風が吹いていないという経験をお持ちの方がいらっしゃることでしょう。台風情報は船舶向けに発展してきた経緯もあって、暴風や強風の情報は海上向けが基本になっています。陸上では、

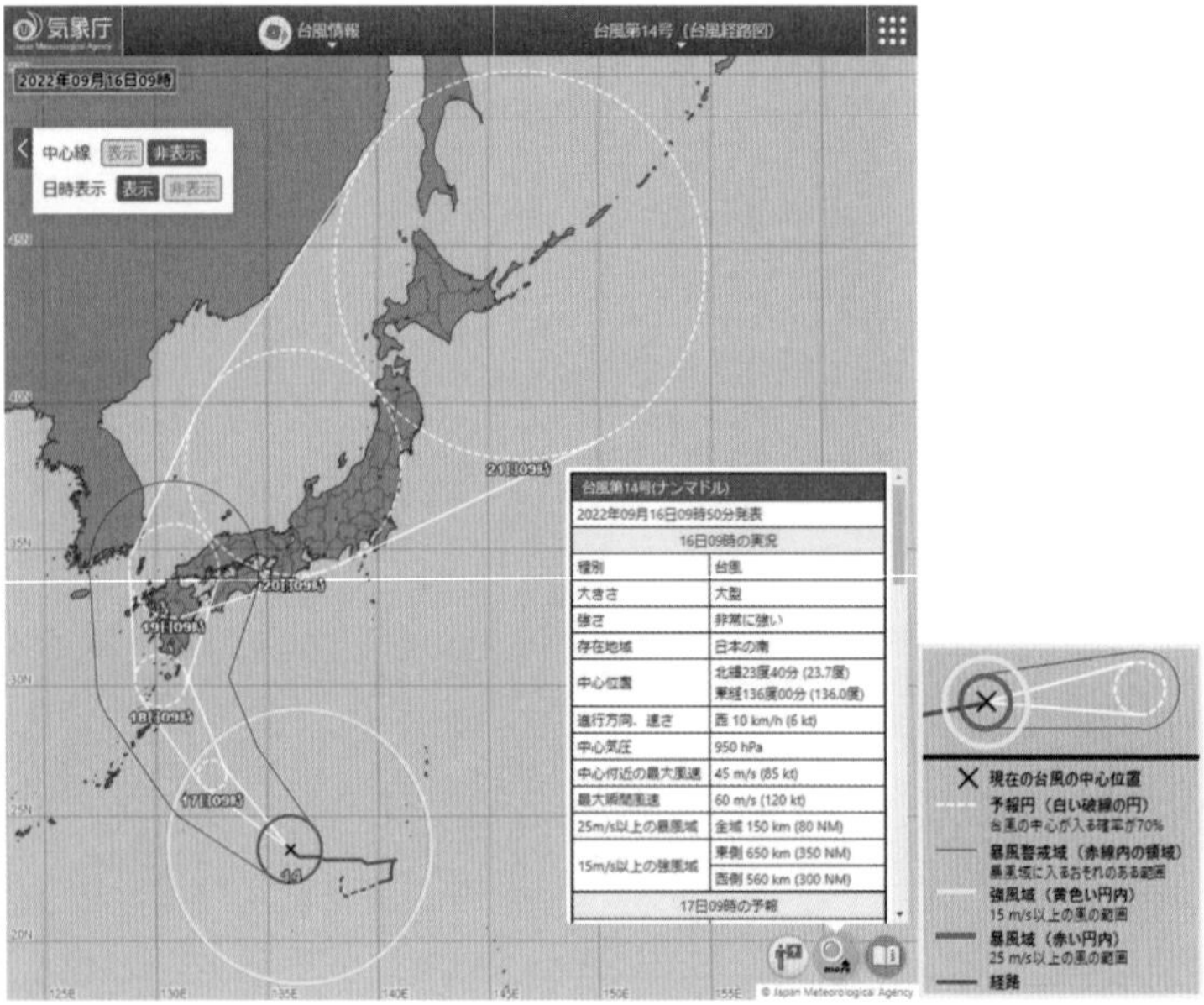

図表2−15　気象庁から発表される台風予報図の例

（出所）https://www.jma.go.jp/jma/kishou/know/typhoon/7-1.html#trackより

地表面の摩擦や山の影響などで、海上に比べて強い風が吹きにくい傾向にあります。しかし、油断していると、台風の進行に伴い風向きが変わって突然強い風が吹き始めることもあります。室戸台風で登校後の生徒や先生の多くが犠牲になったのは、登校時にはあまり強い風が吹いてなくて、それで普通に登校してしまったのも一因でした。

　進路の予報は白線で

示します。白い円は予報円で、予報の誤差の範囲を示したものです。円内に中心が入る確率が約70%となるように設定されています。逆に言えば、この円内に入らない確率も30%あることになります。

2019年から、アンサンブル予報で得られた台風中心のばらつき情報を活用し、円の大きさを調整するようになりました。台風の進路を予報しやすい場合と、予報しにくい場合があり、それを予報円の大きさに反映しています。予報時間と共に予報円が大きくなっていくのは、予報誤差が大きくなるからで、台風自体が大きくなることを意味しているわけではありません。

赤い線は暴風警戒域です。暴風警戒域では、台風の影響で、暴風になる可能性があります。暴風警戒域を示すには台風の強度や暴風域の大きさの予報が必要です。この図では示されていませんが、台風予報図の右下の表をスクロールすることで、これらの予報に関する文字情報を見ることができます。

なお、予報円の中心や中心を結ぶ線が表示されていませんが、表示することができます。自分の居住地が台風の進行方向の右側になるのか、左側になるのかの大雑把な目安を知ることができます。この違いで暴風や高潮の状況が変わってくることは、第1章で述べました。

進路予報には予報円の大きさ程度の誤差が伴うことも忘れないでください。また、台風に伴う大雨は、台風から離れたところでも発生します。台風の進路から離れているからといって油断せず、地元の気象台から発表される気象情報を確認してください。

さまざまな気象観測

天気図の予報も、コンピューターの数値予報も、出発点は今の気象状況を知ることであり、その基本となるのが気象観測です。ここでは、さまざまな気象観測を整理しつつ紹介します。

まず、気象観測を大きく分類すると、「直接観測」と「遠隔観測」があります。直接観測は測器で直接大気を観測することです。昔はどこの小学校にもあった百葉箱を使った気温の観測などが直接観測です。

地上の気温や風、降水量などの観測は、観測員が気象観測測器を用いて行い、観測後にすぐに電報で送る、という形が伝統的に行われてきました。今でも発展途上国などではそのような観測が続いているところが少なくありません。観測員が必要なので観測点の数を増やすことは難しく、観測間隔も1時間に1回がやっとであり、観測員が一人しかいないところでは夜間は観測できない、観測してから伝えるまでに時間がかかる、などの課題がありました。

そこで、自動的に観測してそのデータを通信回線によりデータセンターに自動的に収集して、気象庁で予報や警報等に活用するとともに、社会にも観測結果を共有するという仕組みが、1974年11月1日に生まれました。

全国に約1300カ所（約17キロメートル間隔）の観測点があります。また、自動気象観測データ収集システムの英語訳の頭文字からAMeDAS（アメダス）という愛称をつけたところ、これが社会から広く受け入れられました。アメダスは、日本列島の気象の観測・監視システムとして、今も大活躍中です。

直接観測は高精度である一方で、点の観測という特性があります。なお水素などの軽い気体を詰めた気球に測器を吊り下げ上空の観測を行うラジオゾンデ観測は、測器がその場所における大気を直接に観測しますので、直接観測に分類されます。

図表2−16　ラジオゾンデの放球の様子

（出所）気象庁ホームページより

数値予報は、高さ方向を含む3次元の気象状況を予測します。このためラジオゾンデによる高層観測はもっとも基本的で重要な観測です（図表2−16）。衛星観測が発展してきた現在においても、上

図表2−17 **ジェット気流発見碑（つくば市高層気象台）**

空で直接観測するラジオゾンデの重要性は変わりません。ラジオゾンデの気球は、気圧の低いところに上がっていくにつれて膨張し、高さ30キロメートル前後で破裂、パラシュートが開いて落ちてくる仕組みになっています。

日本の高層観測の歴史は古く、今から100年ほど前に茨城県の舘野（現つくば市）に高層気象台が設置されました。初代台長の大石和三郎は高層観測結果を解析し、上空の強い西風であるジェット気流を世界で初めて発見しました（**図表2−17**）。論文がエスペラント語であったこと、その後の世界に向けた広報が足りなかったこともあり、世界的にはあまり知られなかったのは残念でした。

一方、遠隔観測は主に電磁波を使って、離れた場所における大気の状況を観測するもので、リモートセンシングとも呼ばれます。代表的なものに気象レーダーがあります。パラボラアンテナを回転させながら電磁波（マイクロ波）を空中に発射し、半径数百キロメートル程度の範囲の雨粒などにより反射された電磁波を測定します。電磁波を介して観測するために、直接観測よりは精度が落ちますが、点ではなく面として観測できるという長所があります。

近年大きく発展したのは人工衛星からの観測です。地球全体を広く把握できるので、その役割は高まっています。人工衛星は、自らの駆動力で軌道を回っているわけではなく、天体の衛星と同じように万有引力の法則によって自然に周回しています。人工衛星の軌道と周期は、引力すなわち地球からの距離で決まります。地球から遠い衛星ほど引力は小さく、周期は長くなります。

地球の自転と一緒に赤道上を回る静止気象衛星は、ほぼ1日で地球を1周し、比較的周期が長い軌道となります。このため上空3万6000キロメートル（地球半径の6倍近く）と、地球からかなり離れたところにある衛星です。

一方、北極や南極を通って縦に周回する極軌道衛星は、100分といった短い周期で地球を一周するものが多くあります。静止衛星と異なり、軌道を東西に変えながら地球全体を観測します（**図表2－5**の右側に、極軌道衛星による数時間程度の観測範囲がわかる図を掲載）。こうした極軌道衛星の中には、同じ場所を1日に2回観測できる衛星もあります。

静止気象衛星の最大のメリットとして、地球上の同じ面を常に観測できる点があります。図表1－13にあるように、積乱雲や線状降水帯など、数時間以下の時間スケールを持つ重要な現象が多くあります。こうした現象を捉えるには、静止気象衛星で常に監視をすることが重要です。日本では1977年に初代「ひまわり」を打ち上げ、今はひまわり9号が、観測しています。

なお、静止衛星は地球から遠く離れたところに位置するので、地球大気からの電波が微弱であり、細かな分解能では観測できません。また、赤道の真上から観測するため、北極や南極付近は観測できません。

一方、北極と南極を通り1周100分程度で縦に回る極軌道衛星は上空1000キロメートル以下のところから観測しています。また、日米共同ミッションであった熱帯降雨観測衛星（TRMM）など、極を通らない軌道衛星もあります。先ほど述べた通り、一つの衛星では同じ場所の観測はせいぜい1日2回程度となりますが、同じような衛星をいくつも運用することで、頻度を上げることができます。高度の低い衛星などは比較的低コストで調達できるので、こうした衛星を多数運用することで、同じ場所の観測頻度を上げることが可能です。

極軌道衛星では地球からの距離が短いことで、雲を透過するマイクロ波を使った観測も可能です。地球表面や降水量、水蒸気量などの情報が全天候で得られます。また、静止気象衛星で

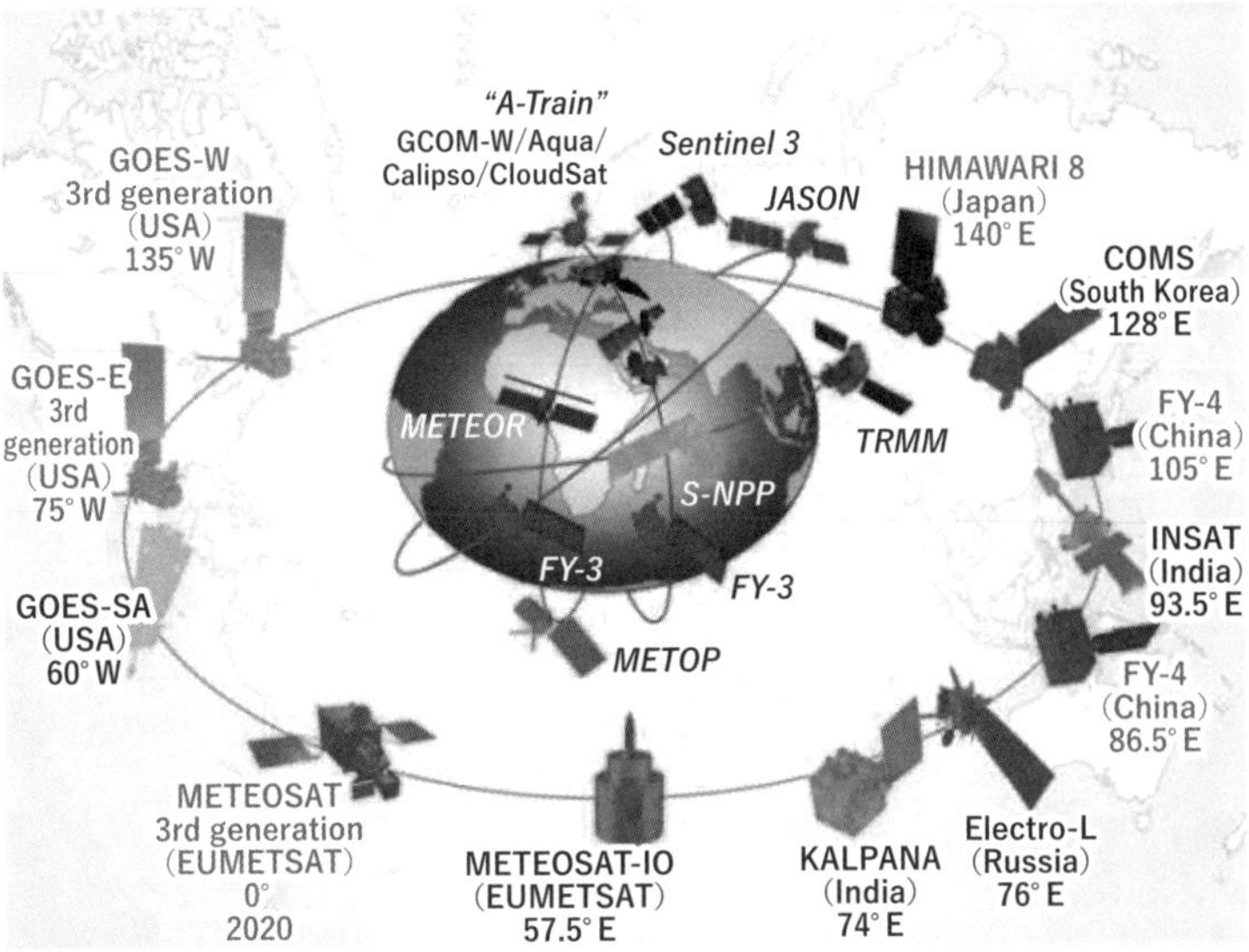

図表2-18　**気象衛星（静止衛星と軌道衛星）**

（出所）世界気象機関（WMO）
https://public.wmo.int/en/our-mandate/what-we-do/observations/integrated-space-based-observing-system

は、地球や地球大気から発射される電磁波をさまざまな周波数帯で測定することが基本ですが、軌道衛星では、気象レーダーと同様に衛星から地球に向けて電磁波を発射して、反射された電磁波を測定することで地球大気等の状況を観測することもできます。日本の宇宙からのレーダー観測は世界的にも評価されています。こうした電磁波を発出して実施する観測を能動的観測と呼び、それ以外の受動的観測と区別することもあります。

図表2－18にさまざまな気象観測を実施している人工衛星を示します。国際協力により全地

球をカバーするような観測が実施されていることがわかります。

このように、観測には、高精度で点の観測である直接観測と、精度は低いが広がりを持つ面として観測できる遠隔観測があります。これらをうまく組み合わせることが、大気の状況把握には重要です。

また、これまで述べてきた観測は計器による観測なのに対し、人間の目で観測する「目視観測」というものもあります。

これは、「観天望気」以来の歴史のある観測です。天気図のところでも述べましたが、上空の雲の状況などの観測は立体的な気象状況を把握する上でも必要でした。今でも予報官が空を眺めて予報の判断材料にすることがあります。

このほか、初雪、初霜、初氷、初冠雪など季節の特徴を把握する季節現象観測、さらにはサクラの開花、モミジの紅葉など生物季節観測も人間の目視による観測です。これらの観測は、季節の訪れを伝えるニュースソースとして注目され、長期間の観測を通じて地球温暖化の進行を把握し、危機感を共有するためのデータにもなります。

ここまで述べてきた観測の分類を、医療診療に例えてみましょう。直接観測は、体温計による体温測定や血圧計による血圧測定、尿検査、血液検査など。遠隔観測は、ＣＴやＭＲＩによる断面画像がそれに近くなります。ＣＴもＭＲＩも電磁波や音波による能動的観測ですし、人体の中は遠隔というほど遠くないので、精度は衛星観測よりはるかに高いものと思います。そして、目視観測は、医師による触診に近いと思います。

近年の気象予測精度向上には、面的な情報を把握できる電磁波による遠隔観測が大きく貢献しています。一方、電磁波は携帯電話をはじめさまざまな利用が飛躍的に拡大していて、電波利用での周波数割り当てが大きな課題になっています。世の中での電波利用と気象観測との競合の一つがマイクロ波と呼ばれる波長が1センチメートルから10センチメートル（1ミリメートルから1メートル程度の広い波長帯をマイクロ波と呼ぶこともあります）の電波です。マイクロ波は直進性が強く大きなデータ量を送ることができるので、携帯電話などの通信に広く使われています。

気象レーダーでは波長3センチ〜10センチの電波を使い、1ミリ程度の大きさの雨粒からのレーリー散乱と呼ばれる性質を利用し、雨の強さを観測しています。気象レーダーがどの波長帯を使うのかは、電波利用としても重要です。

衛星観測でもマイクロ波は重要な周波数帯です。水蒸気など水関係の観測や海上風などさまざまな要素の観測に使われています。社会におけるマイクロ波の利用拡大により、衛星観測のノイズ増加が懸念されています。また風力発電の回転する風車が気象レーダーのノイズとなることも報告されています。新たな産業の発展に伴い、気象観測も新たな課題に直面しているのです。

レーダー観測を用いたナウキャスト情報と解析雨量

まず、「ナウキャスト」の説明をします。キャスト（cast）は投げるという意味です。たとえばbroadcast（放送）は広い範囲に投げるという意味で、広い範囲に電波によって伝えることです。forecast（予報）はfore（先に）投げる、という意味で、事前に伝えること、すなわち予報を指しています。

forecastという言葉に対し、今を伝えるという意味でnowcast（ナウキャスト）という言葉が生まれたと考えられます。予報では、天気図や数値予報を用いて、今晩、明日、明後日といった先の天気を伝えますが、ナウキャストでは、今まさにどんな気象状況で目先どうなりそうかを伝えることになります。

今どこでどの程度の雨が降っているのか、自分の住んでいる地域に雨雲は近づいているのか、これは多くの人が知りたい情報です。レーダーでは、どこにどの程度の雨量が降っているのか、おおよその見当がわかります。これを画像化して、たとえば3時間前から動かしてみると、今どんな状況で今後どうなるかを推測することができます。この推測を目先1時間について画像化して動画にすると、さらにわかりやすくなります。これがナウキャスト情報です。

降雨情報だけでなく、雷観測のデータを活用し、過去数時間の落雷の状況を見ることができます。積乱雲が発生すると、雷とともに竜巻などの突風が吹く可能性があり、そうした情報もナウキャストで確認できるようになりました。注意点として、積乱雲は生まれてから発達して衰弱するまで1時間以内のことがほとんどなので、積乱雲に伴う現象を見る場合、1時間程度先までが目安と考えるのが妥当です。

図表2－12からわかるように水平スケール10キロメートル以下の現象については、数値予報による予測の対象外となります。気象庁の高解像度ナウキャスト情報では、この対象外の時間空間分解能の細かいところが対象となります。降水について1時間先までの予測について、最初の30分間は250メートル格子、後半の30分間は1キロメートル格子で、5分刻みの降水予測を5分間隔で提供します。

1時間先まではありますが、きめ細かな降水予測は社会の高いニーズがあります。ただし、多くの方にとって、こうした高頻度、高分解能の情報を常にチェックする時間はありません。強い雨が迫っている場合に自動通知するアプリなどの利用や、空が暗くなって目先の外出が気になる場合などの利用が使いやすいと思います。

一方、大雨による土砂災害や洪水災害では、それまでに降った雨量の積み重ねが関係します。雨量の積み重ねを精度よく求めるため、解析雨量と呼ばれる1時間雨量が使われています（**図表2－19**）。面的な降水データが得られるレーダー情報と、量的な精度の高い地上雨量観測データを組み合わせ解析します。前節で、精度は高いが点の観測である直接観測と、精度は相対的に高くないが面的なデータが得られる遠隔観測の組み合わせが重要と述べましたが、解析

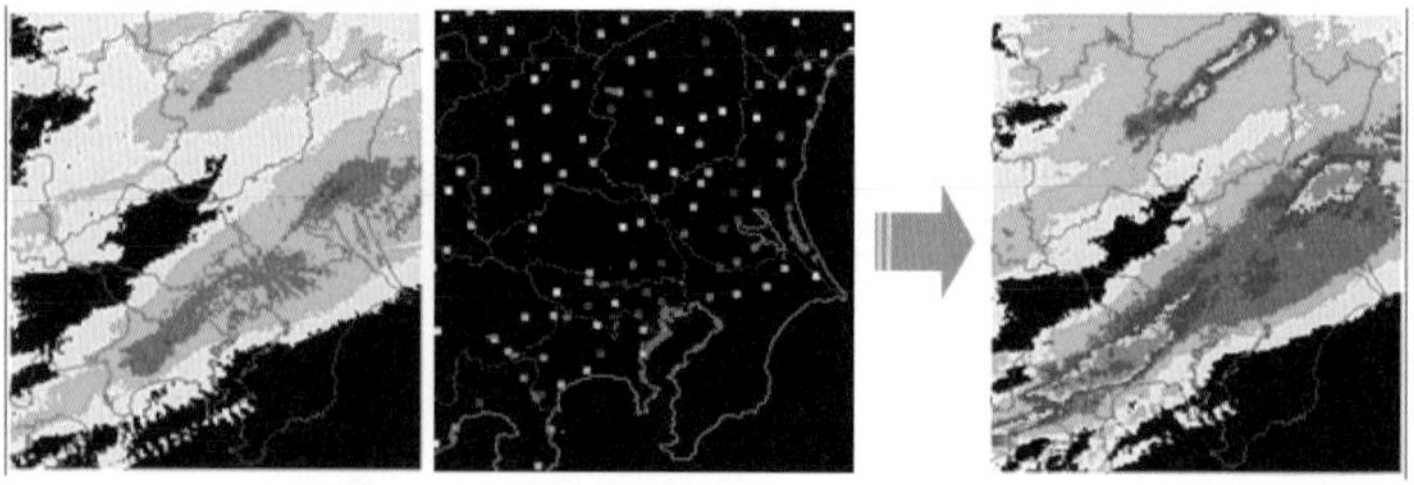

図表2−19　解析雨量の説明図

（出所）気象庁HPより
https://www.jma.go.jp/jma/kishou/know/kurashi/kaiseki.html

雨量はまさにその趣旨で作成されているデータです。

解析雨量により、日本全国を1キロメートル格子で解析された精度の高い1時間雨量データを得ることができます。今では気象庁のアメダスだけでなく、国土交通省の雨量計や都道府県の雨量計など、全国で約1万点の雨量観測データを使っており、きめ細かな雨量の把握が可能になっています。この解析雨量が、大雨災害から人の命を守るため、社会でどう活用されているかは、第4章で述べます。

海の数値予報と宇宙天気予報

第1章で海と大気との関係について触れました。船舶の航行、あるいは台風接近時の高潮など、人々の安全を守る上で海の状況を監視・予報することは大変重要です。強い風が吹くと波の高さも高くなりますし、台風のように気圧が低下して沖合から暴風が吹き寄せると高潮が発生するなど、気象の影響で海の災害が発生することは少なくありません。

　このように大気が海に与える影響が大きいことから、海の監視や予報には大気の状況を反映することが重要です。これまでコンピューターによる天気予報（数値予報）の紹介をしましたが、海も大気と同じく流体力学の法則に従い、また自転する地球を取り巻く流体です。ですから、天気予報と同じ原理に基づき、海についても、格子に分けて温度や海の流れなどを物理法則に基づき解析や予測をしています。海の数値予報では、海上の風などの大気の数値予報の結果も使います。

　海の状況を監視・予測することは、防災以外にも、たとえば黒潮の蛇行は水産業にとって重要な情報です。我が国でも導入が急ピッチで進められている洋上風力発電や海の力を利用した潮流発電などへの応用も重要になっています。また、海洋の汚染についても、汚染物質がどう流れていくかを予測するために海流等の把握・予測が必要です。

　海面水温などを通じて海洋が大気に及ぼす影響もあります。このため、数値予報では、最新の観測に基づいて解析された海面水温を活用して予測を行います。大気の影響で海面水温が変化する効果をモデル計算に取り入れることも、エルニーニョのように現象の時間スケールが長いほど重要になってきます。

　このため数カ月先を予測する季節予報では、数値予報モデルに海のモデルを組み込んだ大気海洋結合モデルを使うのが一般的です。台風など短い時間スケールの現象でも、海面水温が大きく変化することがありますので、大気海洋結合モデルが使われるようになっていくと考えられます。

海の話から、宇宙の話に飛びます。「宇宙天気予報」という言葉を聞かれたことはありますか。第1章では、宇宙に向けて対流圏、成層圏、中間圏という順に大気の層があると説明しました。さらにその上の約80キロメートル以上には熱圏という層があります。

熱圏では、窒素や酸素などが分子ではなく、原子の状態で存在しています。これら原子に太陽から電気を帯びた粒子（陽子や電子）が衝突すると、これら原子に特有の色で発光します。酸素原子は赤や緑、窒素原子は青といったようにさまざまな色で発光し、それが地上から見えるのがオーロラです。

よく知られているように地球は巨大な磁石です。北極や南極付近にはそれぞれ地球の磁石のS極、N極があります。その極に向けて大気中の磁力線が集まっています。

太陽からの粒子は磁力線に沿って北極や南極に向かい、それが熱圏で原子に衝突して発光させるので、北極や南極に近い地域でオーロラが見られます。オーロラは日本やハワイなどの低緯度でも見られることがあります。太陽活動度が高まって大きな太陽嵐が発生し、太陽からの粒子が大量に地球にやってくる時です。

このような時にはオーロラが世界各地で見られるだけでなく、太陽嵐の影響で地球の電磁気が大きく乱れ（磁気嵐）、通信や電力インフラの運用に大きな影響を与えることがあります。今までにわかっている中では、1859年9月のキャリントンイベント（英国の天文学者キャリントンが発見した巨大な磁気嵐）が最大の宇宙天気現象とされています。

幸い、近年ではそれより大きな現象は起きていないのですが、一方では、社会全体の電力や通信インフラへの依存度が高まっており、停電や通信途絶に伴う影響は昔とは比べものになりません。

宇宙天気予報については、総務省所管の国立研究開発法人情報通信研究機構法の第十四条に「電波の伝わり方について、観測を行い、予報及び異常に関する警報を送信し、並びにその他の通報をすること」という位置付けが記載されています。総務省では2021年、「宇宙天気予報の高度化の在り方に関する検討会」を立ち上げて、報告書も公表されています。天気予報のアナロジーで方向性が進められている部分も多く、警報基準をどう決めるか、どう伝達するのかが重要な検討項目となっています。「宇宙天気予報士」制度の実現等も提言に盛り込まれています。

「宇宙天気予報の高度化の在り方に関する検討会」報告書は以下にありますので、詳しく知りたい方はこちらをご覧ください。

https://www.soumu.go.jp/main_content/000821116.pdf

火山灰、黄砂、花粉などの予報

第1章で、水蒸気が凝結し雲になる際に、大気中の細かなチリであるエーロゾルの存在が重要であると述べました。大気中にはさまざまなエーロゾルが浮かんでいます。その中には、人間の健康など社会に大きな影響を与えるものがあります。

火山が噴火する際には火山灰が大気中に広がります。火山灰は、空中では飛行機のジェットエンジンを停止させることがあります。火山灰がいったん落下すれば、洗濯物から地上交通まで大きな影響をもたらします。中国奥地やモンゴルの砂嵐によって舞い上がった細かな砂は、偏西風に乗って黄砂となり、中国、朝鮮半島、日本に到達します。大気汚染物質であるPM2・5も風に乗って日本に飛来し、健康被害をもたらします。春になれば、スギやヒノキの花粉が風に乗って飛散、花粉症の原因となります。

人間社会にとってもっとも深刻なエーロゾルは、核爆発や原子力発電所事故による放射性物質を伴うエーロゾルです。放射性物質は風に流され、雨に吸収されて地上に落下すれば、地表面における放射性物質汚染となります。

数値予報により、大気の動き（風）が3次元的に高精度で解析・予報できるようになりました。こうした刻々と変化する風の情報を使って、風に流されるエーロゾルの予報が実用化されてきています。風によってエーロゾルが流され、風の乱れにより拡散することから、こうした

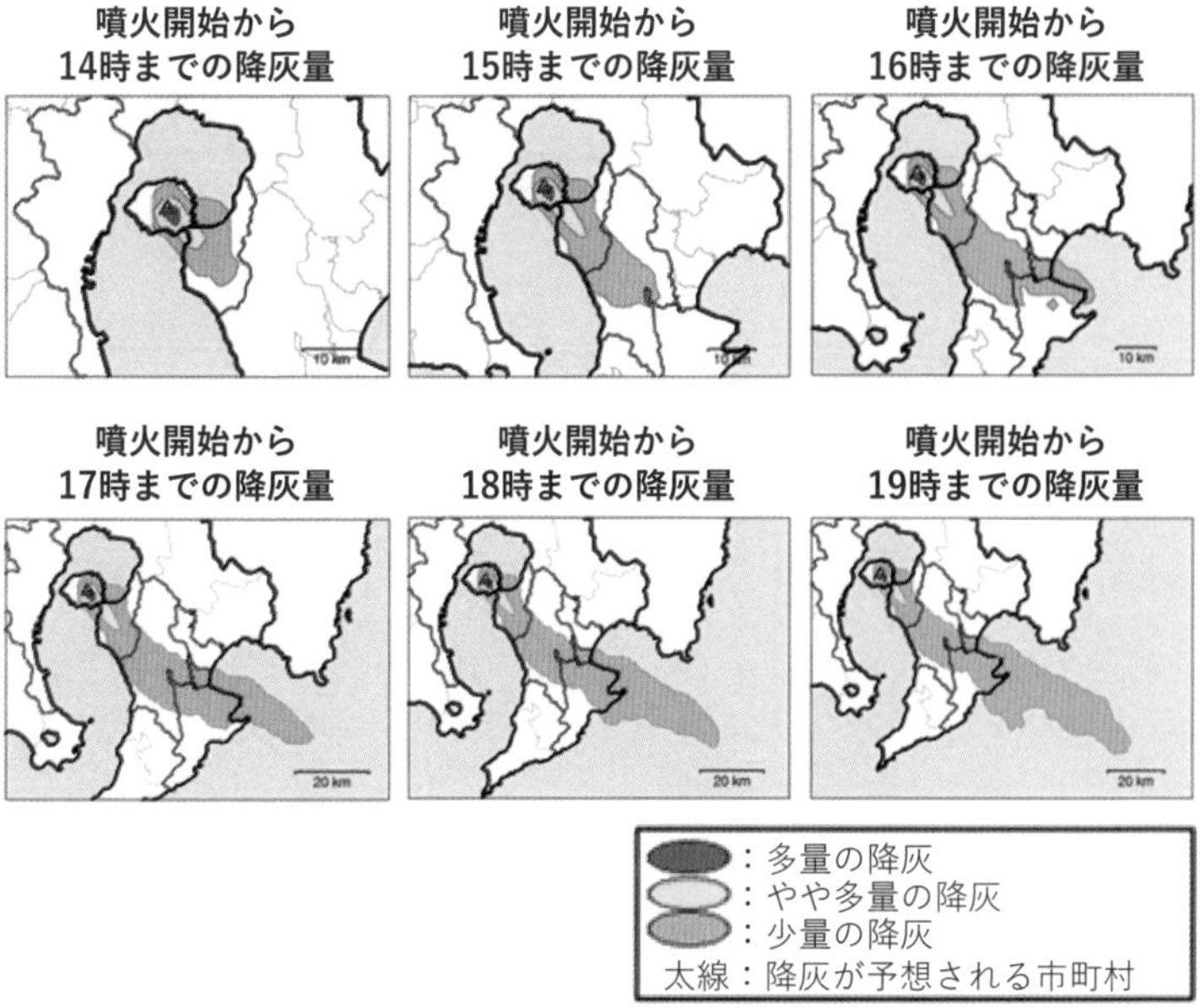

図表2−20　火山噴火から6時間先までの火山灰の降下量（降灰量）

（出所）気象庁ホームページより
https://www.data.jma.go.jp/vois/data/tokyo/STOCK/kaisetsu/qvaf/qvaf_guide.html

モデルを移流拡散モデルと呼んでいます。

　ここでは、火山灰の降灰予測を例にとってみましょう。まず火山噴火によって火山灰が上空に噴き上がります。噴煙がどの高さまで達しているかは、カメラや気象レーダー、気象衛星などで確認します。噴火の状況によって、火山灰の放出量、放出高度分布などを推定し、そこから風のデータにより火山灰の行方を予測します。

　図表2－20は、桜島の噴火を例に、6時間先までの

降灰量を予測しています。最初は桜島周辺で降灰していたのが、時間と共に北西風に流され、降灰領域が南東方向に広がっていることがわかります。どの程度の降灰があるかは、噴火で放出された火山灰の量に依存します。

移流拡散モデルにおいては、エーロゾルが社会にどれくらいの影響を与えるかを評価することが重要です。花粉症の人であれば直感的に理解できるでしょうが、社会への影響の大きさはエーロゾルの濃度に依存します。

濃度は風向きによって変わり、同じ風向きでもエーロゾルの放出がどの程度かでも変わります。スギ花粉が大量に飛散する時期とそうでない時期で、花粉症の症状が大きく変わることからも理解できると思います。

移流拡散モデルを使いこなす上で、エーロゾルの放出量を正しく知ることがきわめて重要です。社会への影響を把握するためには、定量的にエーロゾルの濃度や量がわかったとして、それがどのような影響があるか評価することも重要です。

火山の噴火の場合は、噴煙が観測できますから、放出量の推測は火山の専門家の判断により、ある程度可能です。降灰量がどれくらいならば、自動車の運転にはどの程度支障があるのか、ジェット機の運航にはどれくらいのリスクがあるのか、こういった目安を示しつつ、情報を提供していかないと、リスクを過小評価、もしくは過大評価することにつながります。

原子力発電所事故の対応が難しい理由の一つに、放射性物質が目に見えず、放出量や上空への拡散の状況もよくわからないことがあります。さらに量的な情報が得られたとしても、人体への定量的な影響がわかりにくいこともあります。

放出量から人体への影響までとなると、気象専門家だけでは太刀打ちできず、原子力、医学など、さまざまな専門家が関わらないと評価できません。火山灰の航空機への影響についても、気象の専門家に加えて、火山、航空機の専門家などが関わることが必要になってきます。

コラム

線状降水帯が大災害を引き起こす

近年、線状降水帯という言葉をしばしば耳にするようになりました。この用語は日本で生まれた言葉で、集中豪雨にたびたび見舞われる我が国だからこその新語だと思います。まず、どんな現象かを説明します。

第1章で激しい雨や雷、竜巻をもたらす積乱雲について解説しました。上昇気流の中で水蒸気が凝結して熱が発生して空気が軽くなることで、さらに上昇するというメカニズムによって、積乱雲は発達します。

積乱雲はある程度発達すると、大きな雨粒が周りの空気を冷やしながら引きずり落とす効果が大きくなり、上昇気流は次第に下降気流に変わって、積乱雲としての一生を終えます。積乱雲の一生の長さはせいぜい1時間程度、それによって降る雨は50ミリくらいです。50ミリの雨であれば低い土地に水が集まって浸水することはありますが、大きな災害には至らないのが普通です。

ところが、線状降水帯では、次々と新たな積乱雲が生まれ、同じ場所を通過していきます。そうなると、激しい雨が2、3時間、長い時には半日近く継続します。6時間の降水量が300ミリを超えるような大雨になると、土砂災害や河川の氾濫が発生し、大きな災害になることもあります。

2020年7月、熊本県の球磨川流域で大きな災害をもたらした豪雨の3時間雨量を見てみましょう（**図表2－21**）。広い範囲で150ミリを超え、250ミリ以上の雨量になっているところもあります。大雨の領域が東西に長く伸びていて、太い線状の形になっています。線状降水帯という言葉は、この形態から来ています。帯状の強い降水域が球磨川の流域で停滞したことで、流域から集まった水が球磨川に集中し、記録的な洪水となりました。

これ以外でも、2014年8月に広島で起きた土砂災害など、気象庁が命名するような規模の豪雨災害の多くは、線状降水帯で発生しています。豪雨は深夜から明け方に発生することが多く、その場合は前日からの避難が命を守るために望ましいのですが、数値予報による予測は難しいことが少なくありません。

予測が難しい背景はいくつかあります。一つは積乱雲のエネルギー源である水蒸気の観測網が少ないことがあります。気象庁はアメダスで湿度観測を開始したほか、電波で水蒸気を観測する測器を展開したり、特に線状降水帯が海上から流れ込むことが多いため、船舶による水蒸気観測を民間や大学等の協力で強化したり、さまざまな取

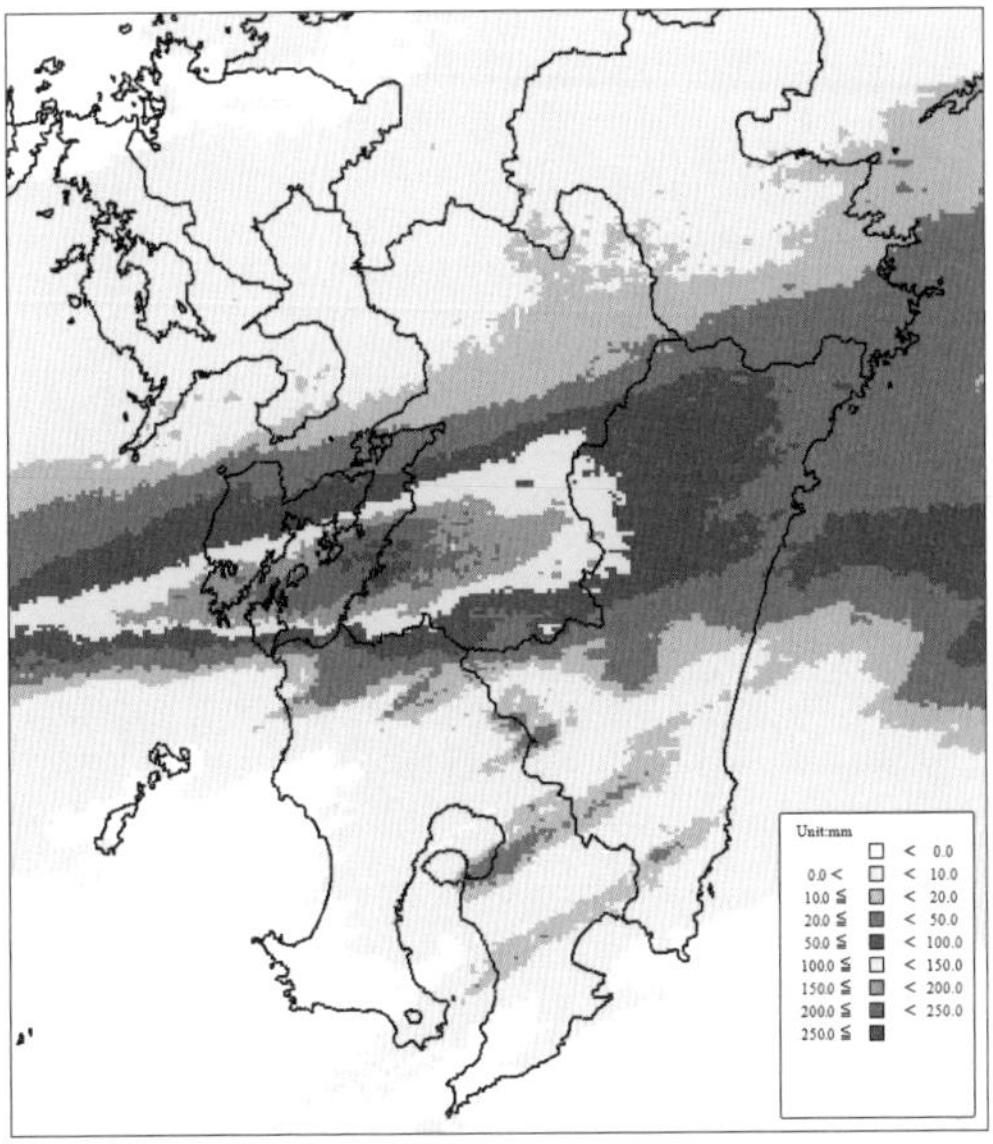

図表2−21　2020年7月4日5時までの3時間降水量（解析雨量）

（出所）https://www.data.ima.go.ip/obd/stats/data/bosai/report/2020/20200811/j yun_sokuji20200703-0731.pdfより

り組みを進めています。

また、積乱雲をコンピューターで精度良く表現するためには解像度の強化が必要であること、アンサンブル予報もメンバー数が多く必要とされること、といった背景から、計算性能の飛躍的な増強が必要です。世界一の計算性能を有する理化学研究所の「富岳」を活用した研究も進められています。

こうした技術開発を進めていく一方で、予測には誤差があるという前提で、早期の避難をどう実現するかも大切な課題です。こちらは住民や自治体の取り組みが重要なことは言うまでもありません。こうした取り組みの中で、地域の気象のことをよく知る気象台や気象予報士の活躍も期待されています。

第3章

なぜ、異常気象や温暖化が起きているのか

長期的な気候変化と日々の気象現象との関係

第1章では、地球の熱バランスを財布に例え、太陽から入ってくる入金（日射による加熱）と地球から出ていく出金（赤外線による放射冷却）が等しくなるように、ほぼ一定の温度でバランスが取れているということを説明しました。

温室効果ガスのおかげで地球の平均温度はマイナス20度になるはずのところ、15度と高くなっていると述べました。このバランスにおいては、太陽からの日射量、地球と大気による日射の反射率（アルベド）、温室効果ガス等の状況が重要になってきます。たとえば、太陽からの日射のうち、現在は約3割を反射していますが、今よりも雪氷が広く地球を覆っていた時期（氷期）にはこの反射率が高くなっていました。これらのバランスがどのように変化してきているのかを述べてみましょう。

気象観測などなかった時代の気候についても、樹木やサンゴの年輪、化石、氷河の痕跡、酸素の同位体などから、かなり精度良くわかるようになりました。そうした研究を通じて、過去約100万年については、地球には比較的寒い氷期と比較的暖かい間氷期があり、約10万年の周期で変動していることがわかってきています。

この周期との関係で注目すべきは、太陽からの日射量の変動です。長い目で見れば、太陽と地球との距離の変化や地球の自転軸の傾きの変化によって、地球の受け取る日射量は変動しており、この変動の周期はミランコビッチサイクルと呼ばれています。この日射量の変動と約10万年の周期で変動する氷期、間氷期が対応していることが、観測事実の研究により示されてきています。

ただし、この天文学的な原因による日射量の変動だけで氷期と間氷期が起きるわけではありません。日射量の変動がきっかけとなって雪氷域の拡大・縮小によるアルベドの変動や温室効果ガスの変動などが重なり、氷期・間氷期のような大きな気温変動をもたらしたと考えるべきです。

気候変動に関する政府間パネル（IPCC）の第6次評価報告書には、最後の氷期の最盛期（約2万年前）とその後、現在に至る間氷期の中期（約6000年前）についての気温と海面の高さが、1850～1900年の平均と比較して、氷期はマイナス5度からマイナス7度、海面の高さはマイナス134メートルからマイナス125メートル、間氷期については気温がプラス0・2度からプラス1・0度、海面の高さはマイナス3・5メートルからプラス0・5メートルになったという推定があります（図表3－1）。

その間、二酸化炭素の濃度は、氷期最盛期には188～194ppm、間氷期中期には260～268ppmとなっており、氷期には温室効果ガスも少なくなっていることがわかります。太陽からの日射量が少ないだけでなく、雪氷面積が拡大し温室効果ガスが減少したことが重なり、氷期の熱バランスが維持されていたと考えられます。

参照期間（＊気候モデルの出力についてはインタラクティブアトラスを参照）	時代	CO_2（ppm）	気温（℃）	海面水位（m）
近年	1995～2014年（西暦）	360→397	0.66から+1.00	0.15から0.25
工業化以前の近似値	1850～1900年（西暦）	286→296	−0.15から0.11	−0.03から0.00
工業化前参照期間以前の1000年	850～1850年（西暦）	278から285	−0.14～0.24	−0.05から0.03
中期完新世*	6.5～5.5千年前	260から268	0.2から1.0	−3.5から+0.5
最終退水期	18～11千年前	193→271	評価なし	−120→−50
最終氷期最盛期	23～19千年前	188から194	−5から−7	−134から−125
最終間氷期*	129～116千年前	266から282	0.5から1.5	5から10
中期鮮新世温暖期*	3.3～3.0百万年前	360から420	2.5から4.0	5から25
前期始新世	53～49百万年前	1150から2500	10から18	70から76
暁新世-始新世温暖化極大期	55.9～55.7百万年前	900→2000	10から25	評価なし

XからY：可能性が非常に高い範囲（図2.34の注釈を参照）
X→Y：期間の初めから終わりの値（不確実性の明記なし）
X～Y：最小値と最大値（不確実性の明記なし）

低　1850～1900年　高

図表3−1　各時代の二酸化炭素濃度、1850～1900年を基準とする世界平均気温、1900年を基準とする世界平均海面水位

（出所）IPCC WG1　第6次評価報告書技術要約和訳より
https://www.data.jma.go.jp/cpdinfo/ipcc/ar6/1PCC_AR6_WGI_TS_JP.pdf

こうしてみると、氷期には気温が5度以上も低下、陸上の雪氷が増え、海水面は130メートルも低下と、とんでもないことが起きているように見えますが、氷期から間氷期にかけて1万年で5度気温が上昇したとしても、100年で見れば0・05度の上昇に過ぎません。それに比べると直近100年で0・74度上昇（後述）という変動が、いかに急であるかがわかります。自然現象としても過去に温暖化や寒冷化が起きているのですが、人為的な温室効果ガスの放出による温暖化はそれを吹き飛ばすような勢いなのです。

急な変化は人為的要因のみならず、自然要因によっても発生することがあります。その代表が火山噴火によるエーロゾル（エアロゾル）の大気中への拡散です。私たちは鹿児島県桜島の光景を時折見ているように、噴火によって火山の噴出物が大気中に放出されます。噴出物の量や到達する高さは、噴火の規模によって決まります。噴火の規模を噴出量で推定した指数を火山爆発指数（ＶＥＩ）と呼びます。

誰も見たことのない過去の噴火の規模も、地質的な調査によってある程度推定できます。このＶＥＩは0から8まであり、ＶＥＩが１つ上がるごとに、噴出物の量は10倍になっていきます。

気候への影響として、噴出物が成層圏まで上昇してしばらく滞留し、太陽からの日射を遮って地表面に到達する日射量を減らす効果が知られています。

まず噴出物の到達する高度が重要です。対流圏では積乱雲などの活動による対流が活発に起きており、その結果として降雨とともにエーロゾルも落下するので、噴出物の滞留時間は短くなります。一方、成層圏では、そうした対流活動がないため噴出物は長く滞留します。

ＶＥＩが4以上になると、成層圏に達します。地球全体の平均気温に影響するには噴出量も関係してきます。ＶＥＩが大きいほど到達高度が高くなり噴出量も多くなりますので、気候への影響は大きくなります。

世界のどこかで発生するおよその頻度としては、ＶＥＩ5が50年に1度、ＶＥＩ6が１００年に1度、ＶＥＩ7が千年に1度、ＶＥＩ8が1万年に1度程度です。日本の有史上の火山噴

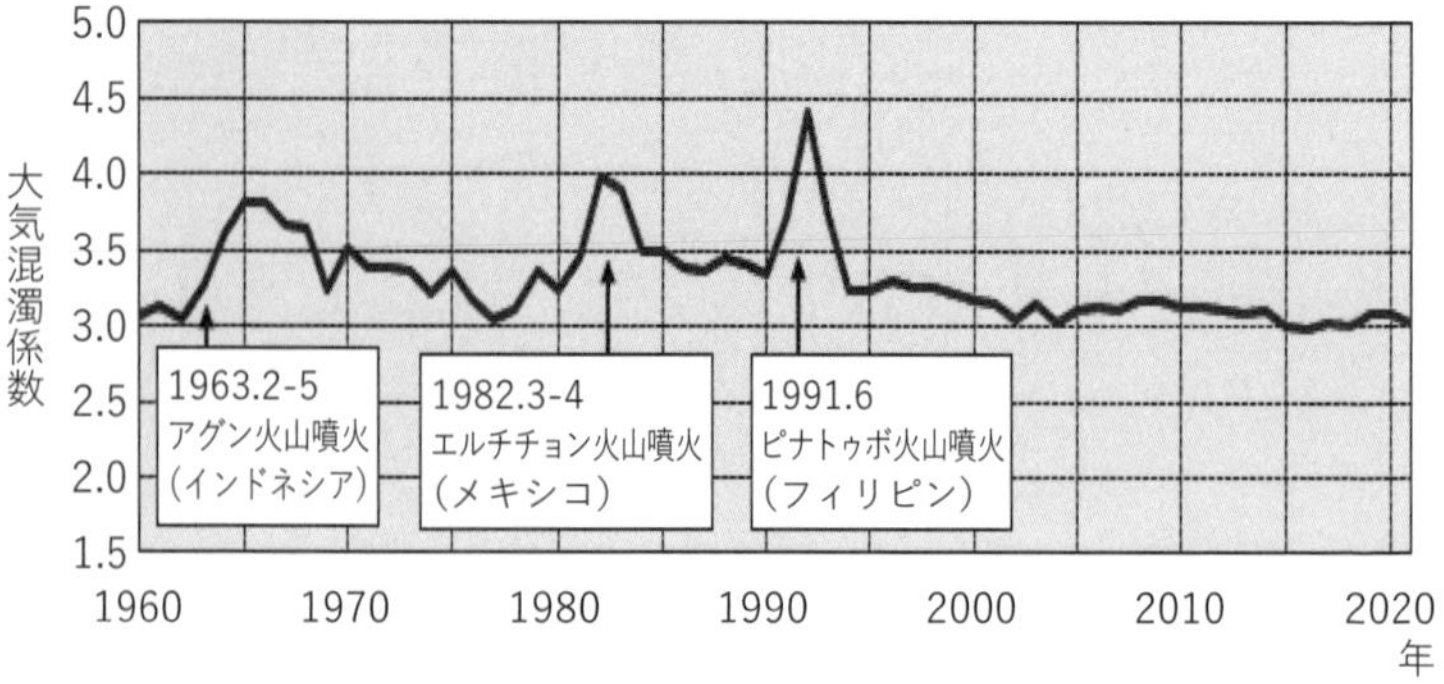

図表3－2　大気混濁係数の経年変化（1960〜2021年）気象庁

（出所）https://www.data.jma.go.jp/gmd/env/aerosolhp/aerosol_shindan.html

火としては、富士山の宝永大噴火（1707年）などのＶＥＩ５が最大級でした。10万年前まで遡ると、横浜に火砕流が到達した箱根カルデラ噴火、十和田カルデラ、阿寒カルデラ、支笏カルデラ、屈斜路カルデラがＶＥＩ６〜7、阿蘇カルデラ、姶良カルデラでは、ＶＥＩ８という破局的な噴火が発生したとみられています。

近年の世界の大きな噴火としては、1991年、フィリピンのピナトゥボ山が20世紀の最大規模であるＶＥＩ６の噴火を起こしました。日本国内５地点の平均大気混濁係数（大気中の吸収・散乱による日射の減衰を表す変数。水蒸気や黄砂等の影響を小さくするため、月の最小値の年平均を表示）を見ると、大規模な火山噴火に伴い、日射を遮る効果が大きくなり、ピナトゥボ山噴火では顕著だったことがわかります（図表３－２）。

地上に到達する日射量が減れば、気温が下がります。ピナトゥボ山噴火後は15カ月にわたり地球全体の平均気温が0・6度低下したとみられています。

20世紀最大と言われるピナトゥボ山の噴火でさえ、ＶＥＩは6でした。もし、ＶＥＩ7、ＶＥＩ8の火山噴火が発生した場合には、さらに大きな影響が及ぶことでしょう。氷期のサイクルは10万年、ＶＥＩ8の火山噴火は1万年に1回ですから、間氷期には何回も発生していたことになります。

こうした破局的火山噴火が氷期に移行するきっかけになることもあったかもしれません。地球温暖化対策の一環で、成層圏にエーロゾルを散布し、大規模な火山噴火と同様の状況を人工的に作り出そうとする「気候工学」という研究もあります（後述）。

このように日射量、日射の反射率（アルベド）、温室効果ガスなどの変化により、地球の熱バランスがゆらぐことによって、自然起因の気候変化が生じています。人為起源による温室効果ガスの増加も、この熱バランスに影響を与えて気候変化をもたらしています。ただし、氷期間氷期のような10万年といった時間スケールよりはるかに早い、１００年の単位で熱バランスの変化が生じるのです。

地球上の生物は、さまざまな気候の変化を経験し進化してきましたが、これほど早いペースの温度変化にどこまで追従できるのかはわかりません。過去には破局的な火山噴火や隕石群の落下など、突然の事由による気候変化によって、たくさんの生物が絶滅する出来事があったと思われます。

ここまで、天文学的軌道の変化や温室効果ガスの変動、火山噴火など、大気にとって外力起因となる気候変化について述べてきました。一方、大雨、干ばつ、台風、猛暑、冷夏、豪雪など、私たちの生活に大きな影響を与えている現象には、大気自身の変動や大気と海洋との相互作用によって生まれる変動が関わっています。

このような自然起因の変動は、長期的な気候変化とは別のものです。しかし、長期的な気候変化によって温暖化が進んでいけば、大気自身の変動による高温が発生した場合、19世紀にはあり得なかったような猛暑になるかもしれません。今起きている現象は、長期的な気候変化と大気と海洋に内在する変動との重ね合わせとして理解すべきものです。

異常気象という言葉は、テレビ、新聞等でしばしば使われています。一般には過去に経験したことのある現象から大きく外れた現象を指すことが多いと思います。序章で述べたように気象庁で異常気象という用語を使う場合、ある場所（地域）・ある時期（週、月、季節）において、30年に1回以下で発生する現象としています。30年平均を平年値として、それより気温が高いか低いのか、という形でお知らせすることもあります。平年値は基準となるので、ある程度固定する必要があります。２０２１年から２０３０年までは、１９９１年~２０２０年までの30年間平均を平年値としています。

次節では、大気自身の変動と大気・海洋の相互作用によって発生する変動について説明します。

偏西風の蛇行とブロッキング

太陽から各緯度帯へ向かう日射量の違いが、赤道付近で暖かく、高緯度になるほど寒くなるという南北の温度差をもたらし、それが原動力となって中緯度付近の上空で、偏西風と呼ばれる西風が吹いています。このことは第1章で説明しました。

偏西風に伴って、高気圧・低気圧が生まれ、それが東に進むことで、中緯度の天気が西から東へと動いていきます。高気圧・低気圧はそれぞれ、北半球では時計回り、反時計回りの渦となります。

地球は丸いため、北半球では地球の自転に伴う渦が北に行くほど強くなります。地球の自転の効果が緯度によって異なることから、地球という球形を感じるような大きいスケールの渦には、ロスビー波という波の性質があります。

図表3－3の「高」は高気圧、「低」は低気圧を意味します。高気圧は時計回りの渦、低気圧は反時計回りの渦を伴います。このため、高気圧の東側、低気圧の西側では北風、低気圧の東側、高気圧の西側では南風が吹いています。低気圧の西側では、北風により地球自転に伴う渦の強い空気が南に運ばれます。

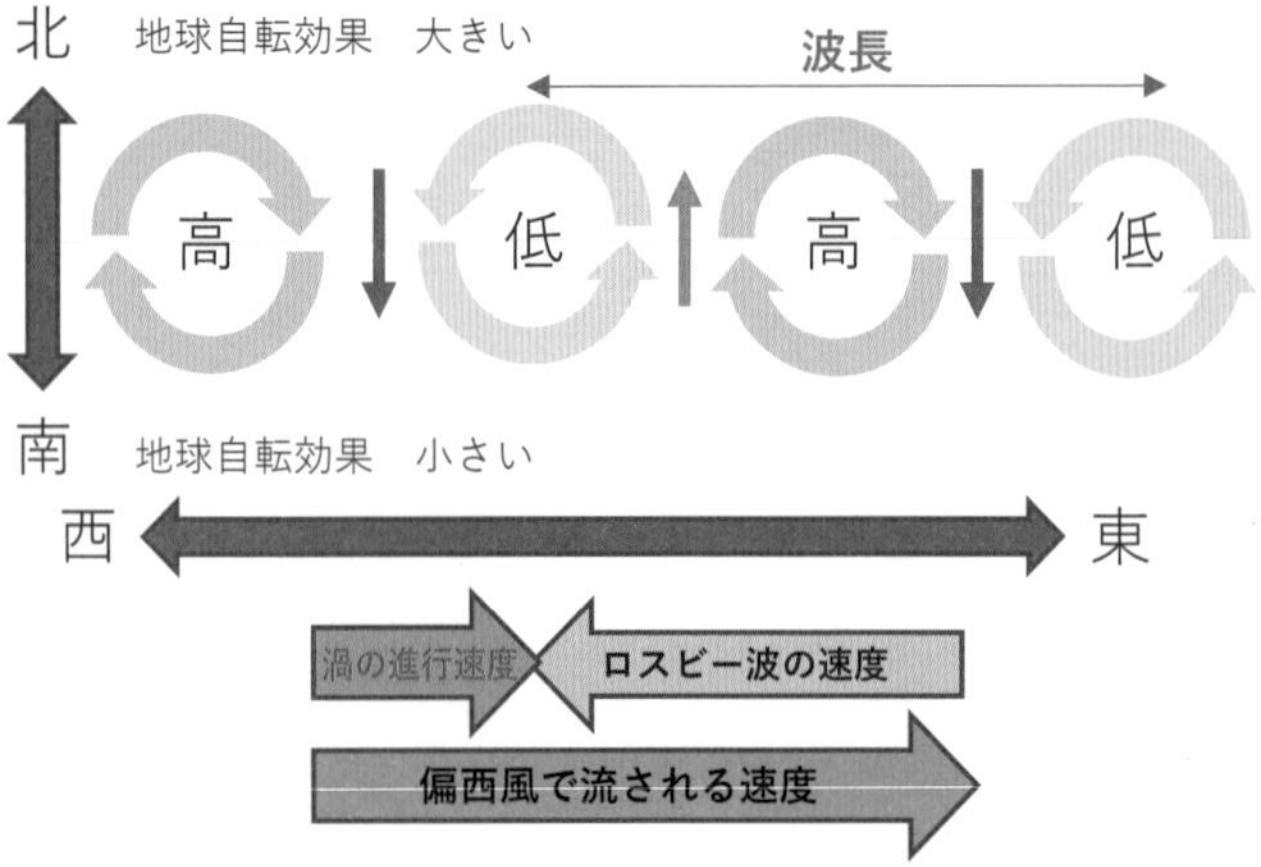

図表3−3　**北半球の偏西風の中を進むロスビー波の概念図**

地球の自転は低気圧と同じく、反時計回りの渦ですので、低気圧の西側では低気圧性の渦が強くなります。これにより低気圧は西に進もうとします。このようにロスビー波は西向きに動き、ロスビー波の波長（波の水平スケール）が大きいほど、速く西に進みます。

実際には、中緯度では西から東に向かう偏西風が吹いていますので、東への流れの上で西向きに進むため、偏西風よりも遅い速度で東に進むことになります。しかし、波長が長くなるとロスビー波の西向きの速さが速くなり、それが偏西風の東向きの速さと等しくなると、この波は動きを止めます。これを定常ロスビー波と呼びます。動く歩道を同じ速さで反対方向に歩くと止まって見えるのと同じです。

地球上の大気にはさまざまな波長、振幅の波があって、その重ね合わせでさまざまな現象が起きています。偏西風に乗って西から東に移動する高気圧・低気圧により、日本付近の天気は春や秋には周期的に変化します。冬にもこうした高気圧・低気圧はありますが、西高東低の気圧配置が続いている時などは、大きなスケールを持つ高気圧や低気圧があまり動かない状況にあります。

定常ロスビー波の状況を確認するためには、ある程度の期間（たとえば10日、1カ月など）で平均した天気図が有効です。移動する高気圧・低気圧は、時間平均することで正負が相殺して見えにくくなり、大きな水平スケールを持ち、あまり動かない波がはっきり見えるようになります。定常ロスビー波は、波長が1万キロにも及ぶ、大きな停滞性の波です。

定常ロスビー波は、特に冬の北半球ではっきり見えることが多くなります。その理由として、冬の強い偏西風がヒマラヤ山脈やロッキー山脈といった大きな山脈の影響を強く受けて流れること、冷たい大陸と暖かい海洋との東西の温度差が大きく、その影響を強く受けることの2点があります。こうした地形や海陸分布という動かない要素が、定常ロスビー波が目立つ背景にあります。

西高東低の気圧配置で寒い日が続く時は、定常ロスビー波が強まっています。気圧配置のパターンがあまり動かないので、同じような天候が続きます。地球を取り巻く波を見ると、気圧の尾根・谷がそれぞれ2つから3つあることが多く、日本付近で寒波がやってくる時には、北米や欧州でも寒波が来ていることが少なくありません。

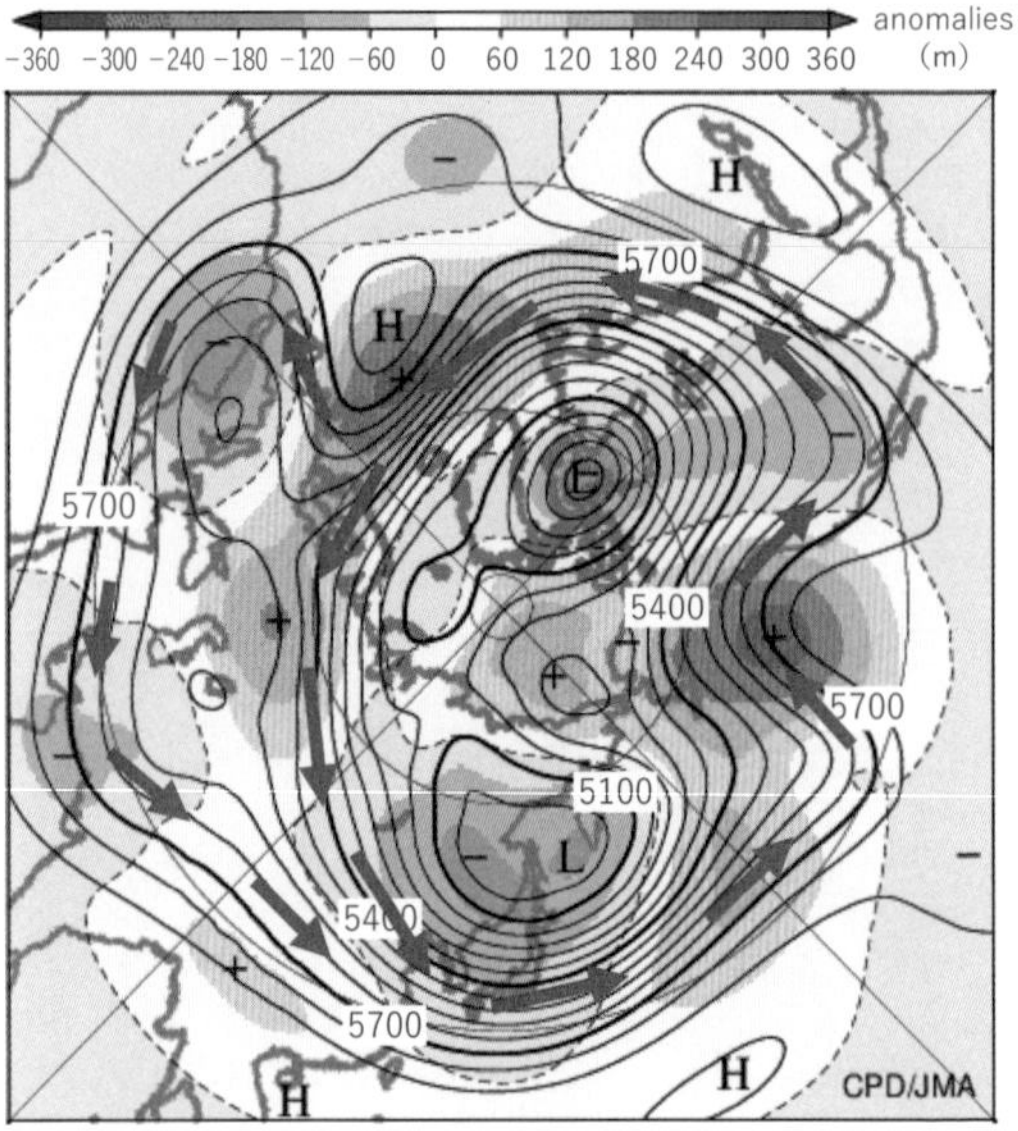

図表3－4　2023年1月下旬の500hPa面の天気図

（注）陰影の色は暖色系が平年より高度が高い（高気圧に相当）、寒色系が平年より高度が低い（低気圧に相当）ことを示す。赤の矢印は偏西風を示す。
（出所）気象庁ホームページより　赤の矢印は著者が追加

図表3－4は、記録的な寒波と言われた2023年1月下旬の期間で平均した、上空5500メートル付近の天気図です。シベリア東部から日本付近にかけて大きな低気圧があり、北米北部にも大きな低気圧があります。

これらを取り巻くように、偏西風が日本付近と北米付近で緯度の低いところまで南下し、地球を取り巻く偏西風の蛇行に対応しています。また、欧州の北で偏西風が2つに分かれ、日本付近でまた合流しているように見えます。

南側の偏西風は亜熱帯ジェット気流、北側の偏西風は寒帯前線ジェット気流とも呼ばれ、それらが合流する日本付近や米国では、風速が強くなります。余談ですが、日本軍は第二次世界大戦でこの風を利用して風船爆弾を米国に落としましたし、最近も偏西風を利用した北米上空における気球飛来がニュースになりました。

なお、冬の間ずっと寒い日が続くことはありませんし、年によりあまり寒くない冬や非常に寒い冬もあります。定常ロスビー波が気圧の谷の場所を変えたり、波の振幅を変えたりすることで、特定の地域で普段とは違う天候が続きます。

また、波なので、谷が深ければ山も高くなります。ある場所で気温が異常に低くなれば、別の場所では気温が異常に高くなることもしばしば発生します。こうした定常ロスビー波の動向が事前にわかれば、天候の推移を予測できるようになります。

ロスビー波は西に進むという説明をしましたが、ロスビー波のエネルギーは、逆に東方向に伝わることが知られています。ある場所で、ロスビー波の振幅がなんらかの理由で大きくなると、そこから東側に離れたところでロスビー波の振幅が次第に強くなり、それがまたその東側のロスビー波の振幅を強めていくのです。

その代表的な例として、ＰＮＡ（太平洋北大西洋）パターンとＷＰ（西太平洋）パターンと呼ばれるものがあります（図表３－５）。ＰＮＡパターンでは、太平洋から北米、北大西洋へとはるか遠くまで影響が伝わり、その地域での天候に影響を及ぼしています。

このように、地球上のある場所での大きな渦が、そこからはるか遠く離れた地域の大きな渦に影響を及ぼすことを「テレコネクション」と呼びます。この例では、まず熱帯太平洋におけ

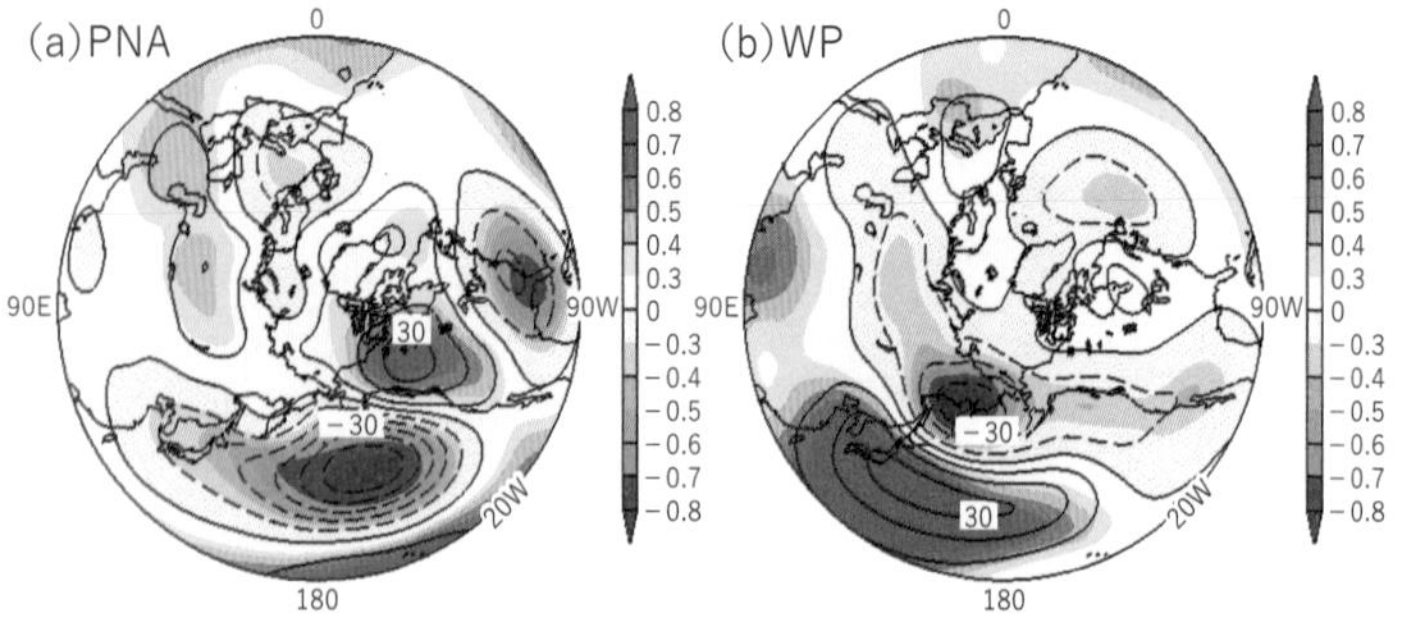

図表3−5　北半球の代表的なテレコネクションの例（左がPNA（太平洋北大西洋）パターン、右がWP（西太平洋）パターン）

（出所）気象庁ホームページより
https://warp.ndl.go.jp/info:ndljp/pid/12035159/www.data.jma.go.jp/kaiyou/shindan/sougou/html_vol2/2_3_vol2.html

る海面水温がいつもの年と異なることによって、そこでの積乱雲が平年と異なる振る舞いをすることが、テレコネクションの出発点になっています。

熱帯太平洋における海面水温の動向は、後述するエルニーニョやラニーニャが大きく関わっています。エルニーニョやラニーニャがよく報道で耳にされるのは、世界の天候に及ぼす影響が大きいからです。

日本の天候が熱帯太平洋の海面水温だけで決まるのならば、季節予報はそれほど難しくありませんが、最近の研究では、インド洋の海面水温からの影響、さらにユーラシア大陸を横断してくる影響も知られるようになりました。

欧州から東へと伝播するパターンは、日本の夏の天候への影響として、京都大学防災研究所の榎本剛教授が研究を進め、伝播する経路がユーラシア大陸を東西に結ぶという意味で、シルクロードパターンと命名しています（「盛夏期における小笠原高気圧のメカニズム」https://www.metsoc.jp/tenki/pdf/2005/2005_07_0523.pdf）。

さらに、シルクロードパターンについては、東京大学先端科学技術研究センターの小坂優准教授が、気候モデルの結果を利用してそのメカニズムを解析しています（「シルクロードパターン再考」https://www.metsoc.jp/tenki/pdf/2011/2011_06_0039.pdf）。

日本の研究者による世界的な研究成果が、わかりやすく解説されていますので、詳しくはこれらをお読みください。

２０１８年7月に発生した西日本豪雨では、２００人以上の方が亡くなり、その後の記録的猛暑で熱中症による犠牲者がそれよりはるかに多く出ました。同年7月は、日本だけではなく、世界各地で異常気象が発生しました。**図表3－6**を見ると、高い気温の異常気象を記録した地域が、いくつもの塊となって分布しています。

これを偏西風の蛇行の状況と比べてみましょう（**図表3－7**）。偏西風として、北緯60度以北にある青色の寒帯前線ジェット気流と、北緯40度付近にある薄桃色の亜熱帯ジェット気流の2本が描かれています。

ジェット気流が北側に盛り上がっているところと、高温の異常気象が発生しているところが重なっています。逆に南側に凹んでいるところでは、低温の異常気象が発生する可能性があり

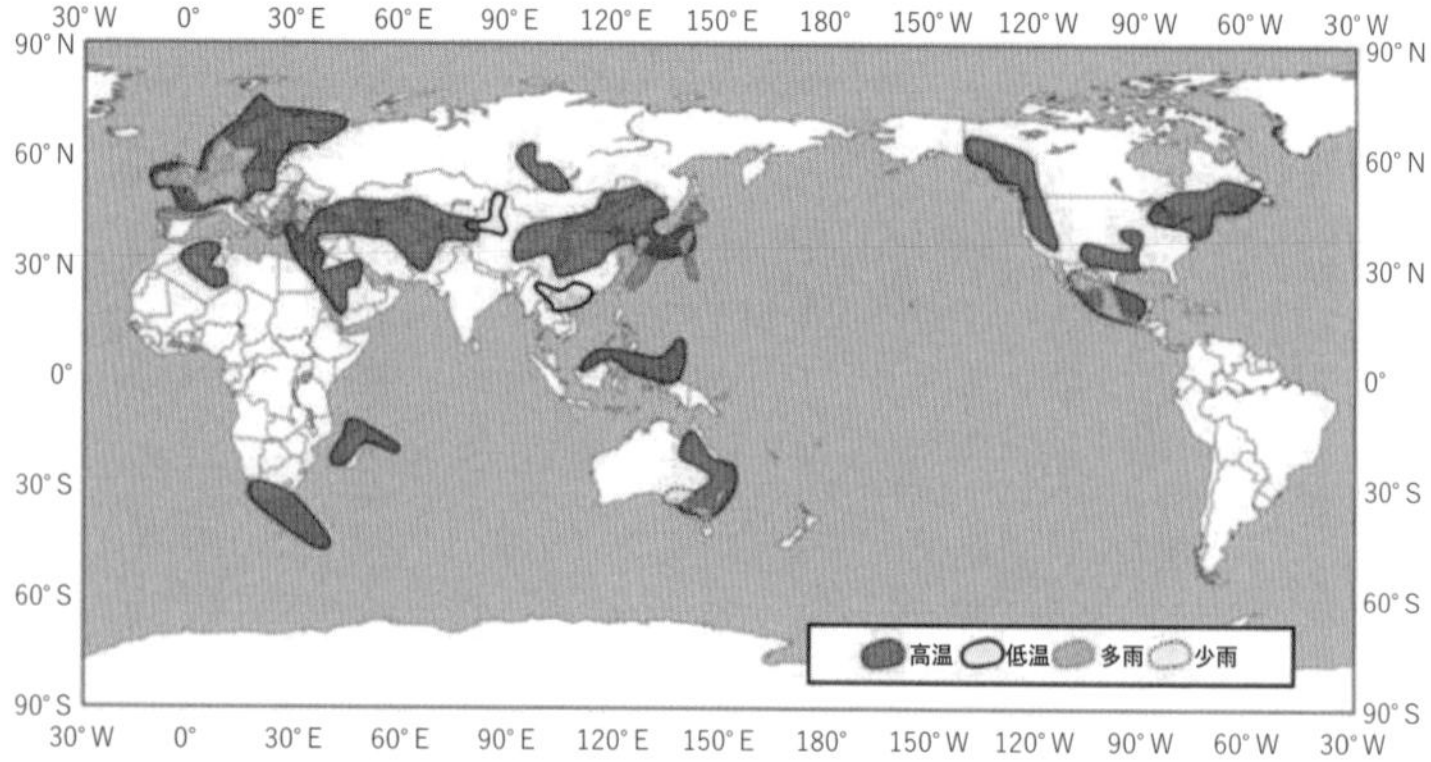

図表3−6　**2018年7月の世界の異常気象分布**

（出所）気象庁報道発表資料より
https://www.jma.go.jp/jma/press/1808/10c/h30goukouon20180810.pdf

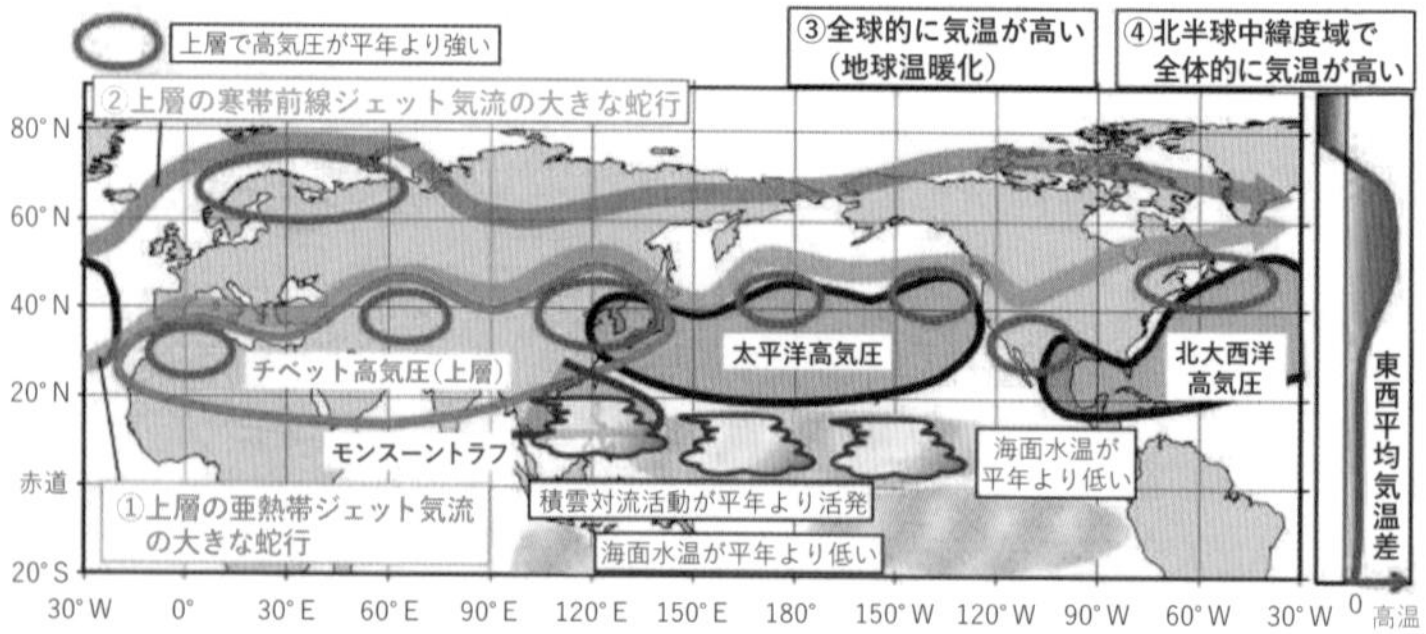

図表3−7
2018年7月に北半球の各地に高温をもたらした大規模な大気の流れ

（出所）気象庁報道発表資料より
https://www.jma.go.jp/jma/press/1808/10c/h30goukouon20180810.pdf

ます。図表3－7の右側にある通り、中緯度では東西平均の気温が平年より高温になっているため、それと蛇行との重ね合わせの結果、高温側では30年に一度程度の高温になっても、低温側では30年に一度の低温になりにくくなっています。

この中緯度全体が平年に比べ高温になっている原因の一つに、この30年間における地球温暖化の進行が寄与している可能性があります。

偏西風の蛇行が激しくなると、蛇行する河川から三日月湖が発生するかのように、偏西風の一連の流れから高気圧が切り離され、偏西風に流されずに止まることがあります。これをブロッキングと呼んでいます。ブロッキングが発生すると、偏西風が蛇行するよりも顕著な異常気象をもたらすことがあります。

ブロッキング発生の予測は、今の技術ではなかなか難しく、2週間先の予報が大きく外れる要因となることも少なくありません。

エルニーニョとラニーニャ

前節では、偏西風の蛇行が異常気象の原因となることを説明しました。偏西風の蛇行に影響を与える現象として、熱帯の海水温が平年と異なることによって、積乱雲の活動が盛んになる場所が変化することがあります。太平洋熱帯地域における海水温の数年程度の変動として知ら

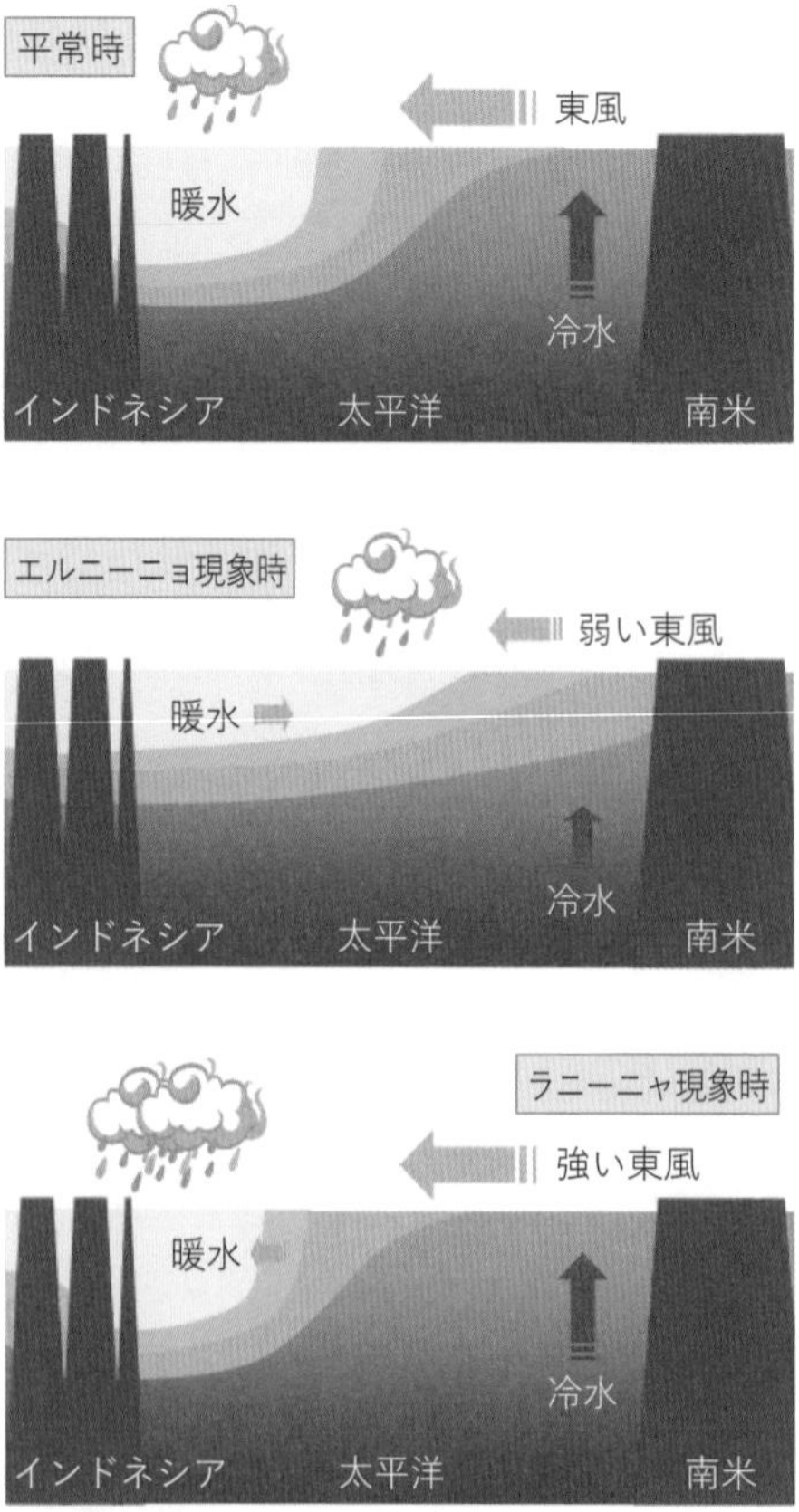

図表3–8　エルニーニョ／ラニーニャ現象に伴う太平洋熱帯域の大気と海洋の変動

（出所）気象庁ホームページより
https://www.data.jma.go.jp/gmd/cpd/data/elnino/learning/faq/whatiselnino.html

れる、エルニーニョとラニーニャを中心に解説します（図表3－8）。

エルニーニョはスペイン語で「男の子」、ラニーニャは「女の子」を意味します。赤道に近いペルー沖は、偏東風の影響で普段は比較的海水温が低いところです。エルニーニョは、ペルー沖でクリスマスの頃に発生する暖かい海の流れを、地元の漁師が「神の子」に例えた言葉でした。これが転じて、ペルー沖の海水温が数年に一度暖かくなる現象を指すようになりました。

第1章で熱帯地方では偏東風と呼ばれる東風が吹いていると述べました。この影響によって熱帯の太平洋では、西側で暖かく、東側では深海から冷たい海水が上昇し、表面も相対的に冷たくなっています。

ところが、何年かに一度、偏東風が弱まり、暖かい海水が太平洋の中部に広がることがあります。この暖かな海水の移動に伴い、積乱雲が活発に立ちやすい地域も東に移動します。このような状況がエルニーニョ現象です。ペルー沖の地域的な現象から名付けられたエルニーニョですが、熱帯太平洋全体の大気と海洋に及ぶスケールの大きな現象を示しています。

一方、ラニーニャは、エルニーニョと反対に、熱帯の偏東風がいつもより強まることに対応し、熱帯西太平洋域に通常より暖かい海水があり、熱帯太平洋の中部以東は通常よりも冷たくなる現象です。このような時には、熱帯西太平洋域における積乱雲の活動が非常に活発になります。ラニーニャは、「男の子」の対義語として科学者が提唱した名称です。

熱帯太平洋では、数年に1度程度の頻度でエルニーニョとラニーニャが発生しています。それに伴い海洋と大気が大きく変動します。エルニーニョ、ラニーニャによる熱帯海洋と大気の大規模な振動を、総称してエルニーニョ南方振動（ＥＮＳＯ）と呼んでいます。

南方振動は、オーストラリアのダーウィンと中部太平洋のタヒチの気圧が数年ごとにシーソーのように変動する現象を、英国からインドに赴任した気象学者ギルバート・ウォーカーが発見したものです。

第1章で、熱帯で上昇し亜熱帯で下降する、熱帯下層の偏東風をもたらす大きな循環を、ハドレー循環と呼ぶと述べました。ハドレー循環は南北方向に1周する循環なのに対し、熱帯太平洋では、西太平洋で上昇し、東太平洋で下降、地上付近で東風、上空で西風となる、東西方向で1周する循環を、ウォーカー循環と呼びます。南方振動とはウォーカー循環の強さが数年周期で変動する振動のことです。

数年周期で変動する大気振動と、エルニーニョやラニーニャのような数年に一度の海洋変動が深い関係を持っていることが、わかってきました。ENSOは、まず海面水温を通じて熱帯域の積乱雲の活動に影響し、オーストラリアや南米の熱帯域の降雨に大きな影響を与えます。この熱帯域の積乱雲の活動はさらに前節で述べたテレコネクションの仕組みで中高緯度にも波及する形で、ENSOは地球全体の気候に影響していることもわかってきました。

こうした地球規模での気候変動は農業等の産業にも大きな影響を及ぼし、ENSOのニュースで各種相場が変動するほど、社会的なインパクトを持つようになっています。

今年の夏は暑くなるのか、涼しくなるのか、冬は暖かいのか寒くなるのかといった世間の関心は、農業からエネルギー価格、衣料品や電気製品の販売に至るまで、とても大きいと思います。こうした季節予報の精度を上げるには、まずはENSOの予測が重要です。

ENSOの予測は世界各国に共通する課題でもあります。大気モデルと海洋モデルを結合した数値予報モデルの開発、予測の基盤になる海の観測強化が、国際協力のもと進められています。

　とりわけENSOの予測が重要な熱帯太平洋では、係留ブイ観測網によって、米国の海洋大気庁（NOAA）と日本の海洋研究開発機構（JAMSTEC）が分担し観測しています。このほか、地球全体の海洋観測については、アルゴ（ARGO）と呼ばれる、海中を浮遊する機器を使った観測を各国が分担しています。

コラム

冷夏と暑夏、暖冬と寒冬

　冷夏か暑夏か、暖冬か寒冬かは、過去30年間の平均気温との比較で判定されます。2023年ならば、1991年から2020年までの30年間のデータと比較します。暖冬は、12月から2月までの3カ月平均気温が、この30年間の毎年の値と比べて高いほうから10番以内に入る場合です。逆に寒冬は、30年間の毎年の値と比べて低いほうから10番以内に入る場合です。

　それ以外は平年並みとなります。冷夏や暑夏の定義も同様に判定します。ですから、確率的には3年に1回は、冷夏になり、3年に1回は暑夏になるはずです。ですが、近年は温暖化が進行していることもあり、毎年のように暑夏になるという実態もあります。

冷夏は、これまでコメの不作に大きな影響をもたらしてきました。現代においても夏物衣料、エアコン、ビール、清涼飲料水が売れなくなる、海や山の観光地の客足が減るなど、景気に悪影響を与えると言われています。

もっとも、反対に暑すぎる夏も問題です。熱中症患者が増え、エアコンの使用で電力需給がひっ迫するなど、弊害が目立っています。

生活者目線から見れば、夏は涼しいほうがいい、という人のほうが多いかもしれません。一方で、冷夏の年は梅雨明けが遅れたり、時には梅雨明けがなかったりします。そのような年には、海面水温が高い真夏に天候が安定せず、豪雨災害が発生することもあります。

冬については、冬物衣料が売れるためには寒いほうが望ましいですし、おでんなどの季節商品の売れ行き、スキー場などのウィンタースポーツにとっても、寒いほうが好ましいと思います。冬の寒気が強く山岳地帯で積雪が増えれば、田植えの時期には豊富な水資源を確保することができます。

一方で、降雪による交通障害、雪下ろしの事故など、雪に伴う災害は寒冬のほうが多くなります。こちらも生活者目線では、暖冬のほうがいいという人は多いでしょう。

図表3-9は、エルニーニョ現象とラニーニャ現象が、日本の夏・冬の天候に及ぼ

す影響を示しています。エルニーニョの時には、冷夏・暖冬になりやすく、ラニーニャの時には、暑夏・寒冬になりやすい傾向があります。ただし、ENSOだけで決まるわけではなく、インド洋の海水温や冬には北極振動、夏にはシルクロードパターンなども日本の天候を大きく左右します。

北極振動は同心円状に近い気圧偏差のパターンで、北極域の気圧が平年より高い（低い）時には、中緯度の気圧は逆に平年より低く（高く）なる、というシーソーのような振動です。

これは北極地方で寒気を貯める時期と、中緯度に寒気を放出する時期があることに対応しています。北極域で気圧が高く、中緯度で気圧が低い時期は、中緯度に寒気を放出しており、日本をはじめとする中緯度に寒気が影響しやすくなります。

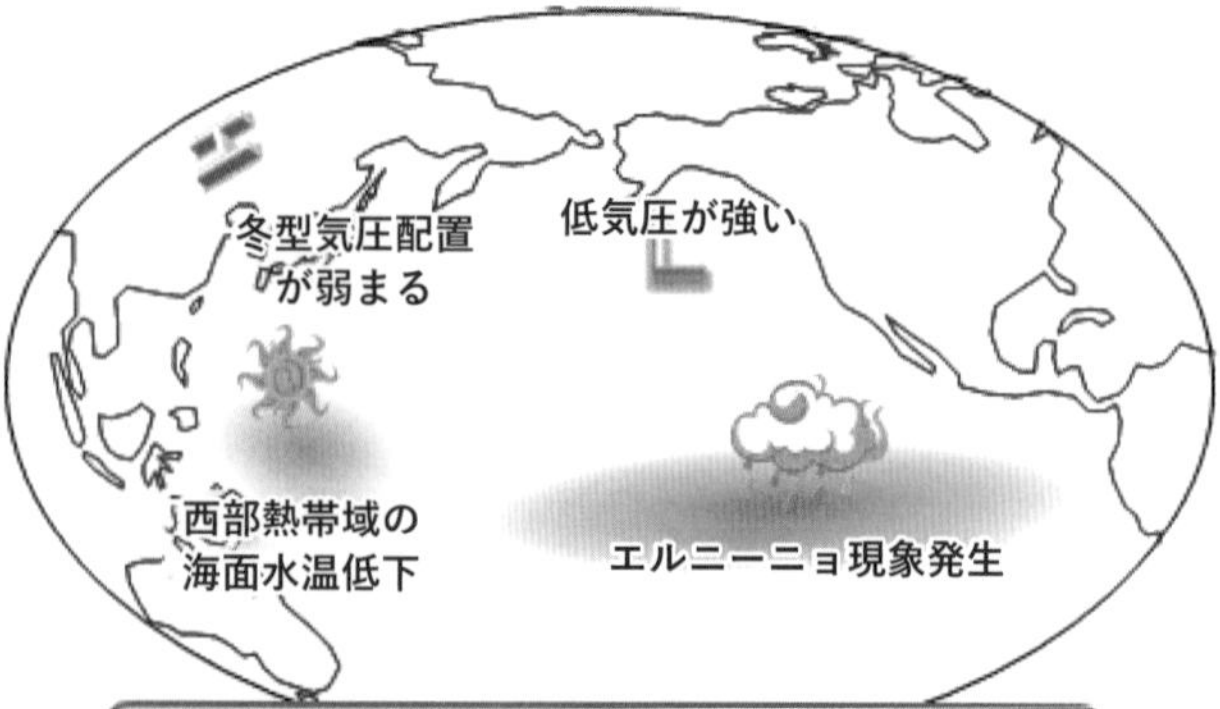

エルニーニョ現象の冬季の天候への影響

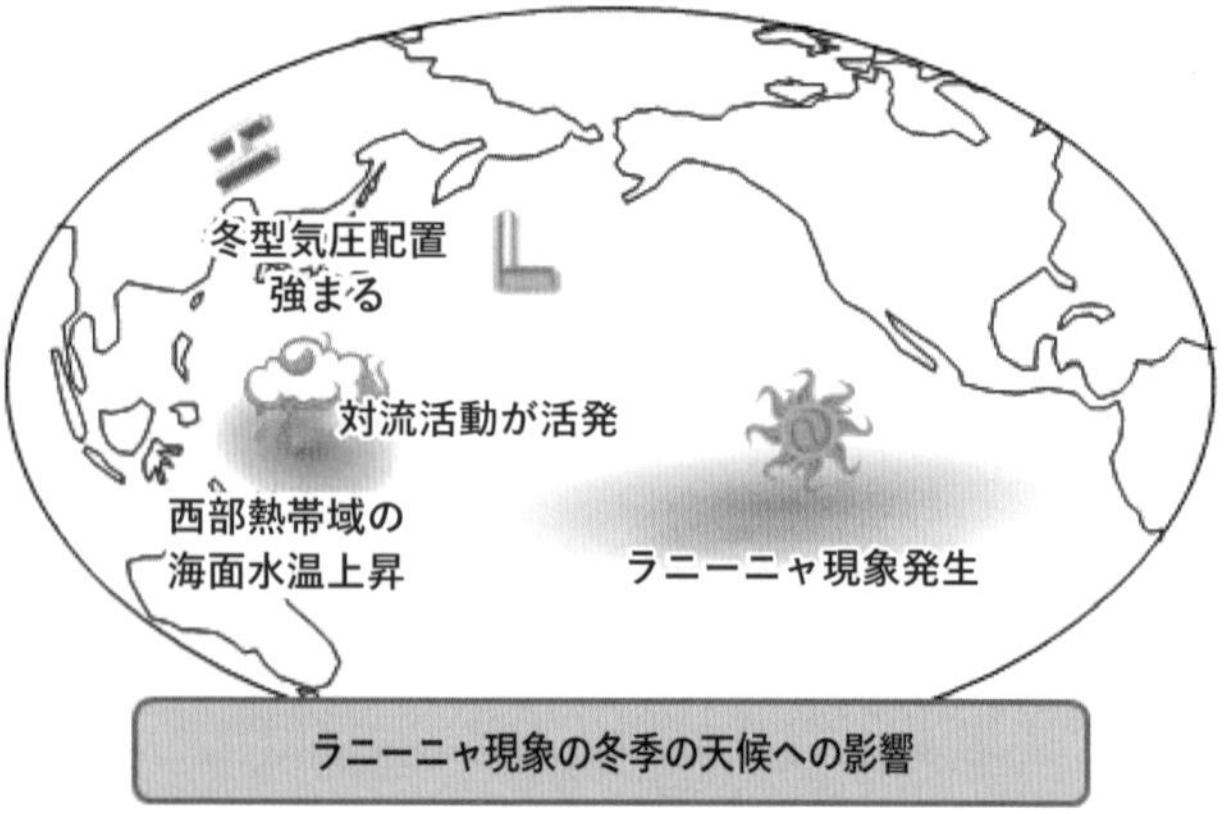

ラニーニャ現象の冬季の天候への影響

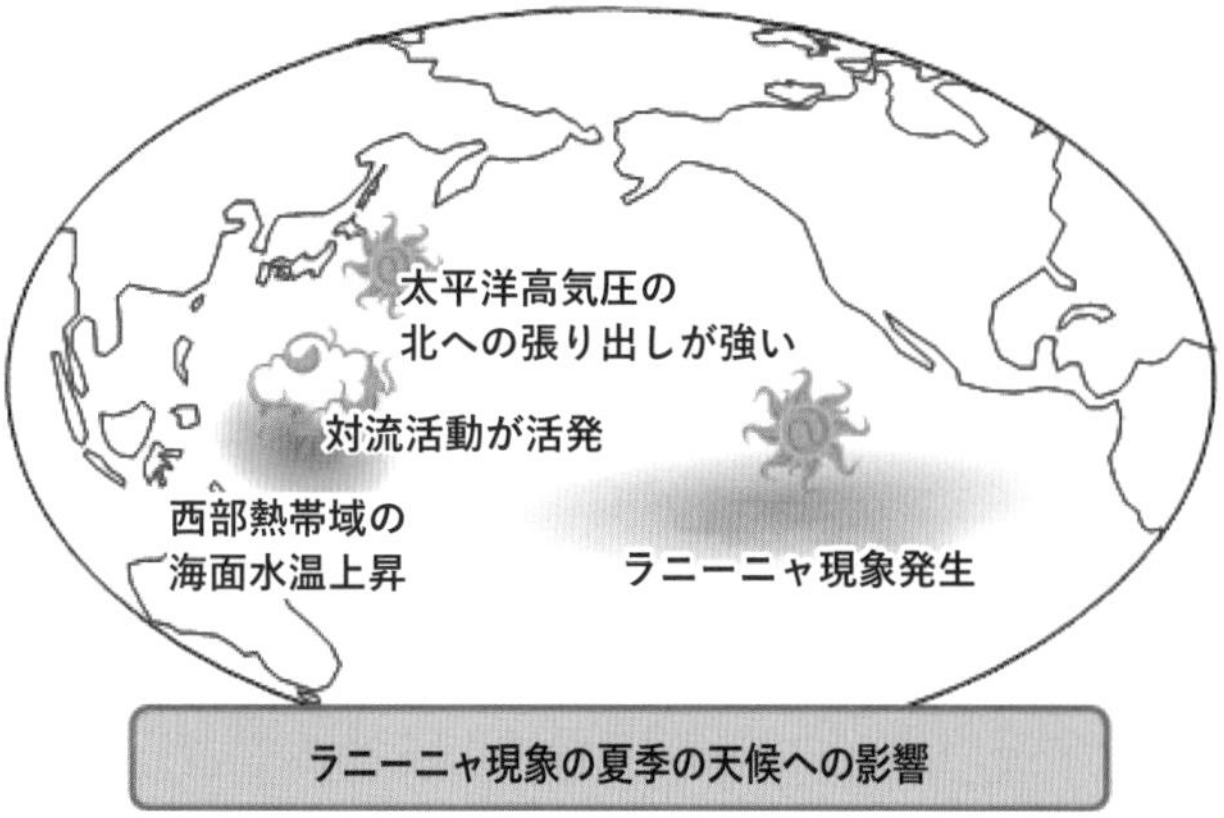

図表3-9
エルニーニョ現象やラニーニャ現象が日本の夏季、冬季に及ぼす影響

（出所）気象庁ホームページより
https://www.data.jma.go.jp/gmd/cpd/data/elnino/learning/faq/whatiselnino3.html

温室効果ガスが増加するとなぜ温暖化するのか

前節では自然要因による気候変動を説明しました。本節では、人為起源による気候変化を述べます。第1章で説明した通り、地球大気には温室効果ガスが含まれているため、そのおかげで地球の平均気温は、極寒にならずに済んでいました。ところが、人間活動によってこの温室効果ガスが増えてきた結果、地球の平均気温が上昇してきています。

真鍋淑郎博士の2021年ノーベル物理学賞受賞は、まだ記憶に新しいことでしょう。真鍋は、地球温暖化予測に用いられている気候モデルの礎を、大気モデルと海洋モデルの結合によって築きました。真鍋のもう一つの大きな業績は、「大気の放射バランスと大気の鉛直対流との相互作用」を探求したことにあります（図表3－10）。

ここからの説明はやや高度なので、きちんと理解できなくてもかまいません。できれば第1章を復習しながらお読みください。

地球が太陽からの日射として受け取る熱と、地球から宇宙に赤外放射として出ていく熱は釣り合い、一定の温度を保っています。第1章では、地球の温度はマイナス20度であるはずが、温室効果ガスのおかげで約15度になっていると述べました。

ここで地上付近の気温を16度、宇宙から赤外線で見える大気に包まれた地球の温度をマイナス20度とします。どういうことかというと、地表面からの赤外線は途中の温室効果ガスに吸収

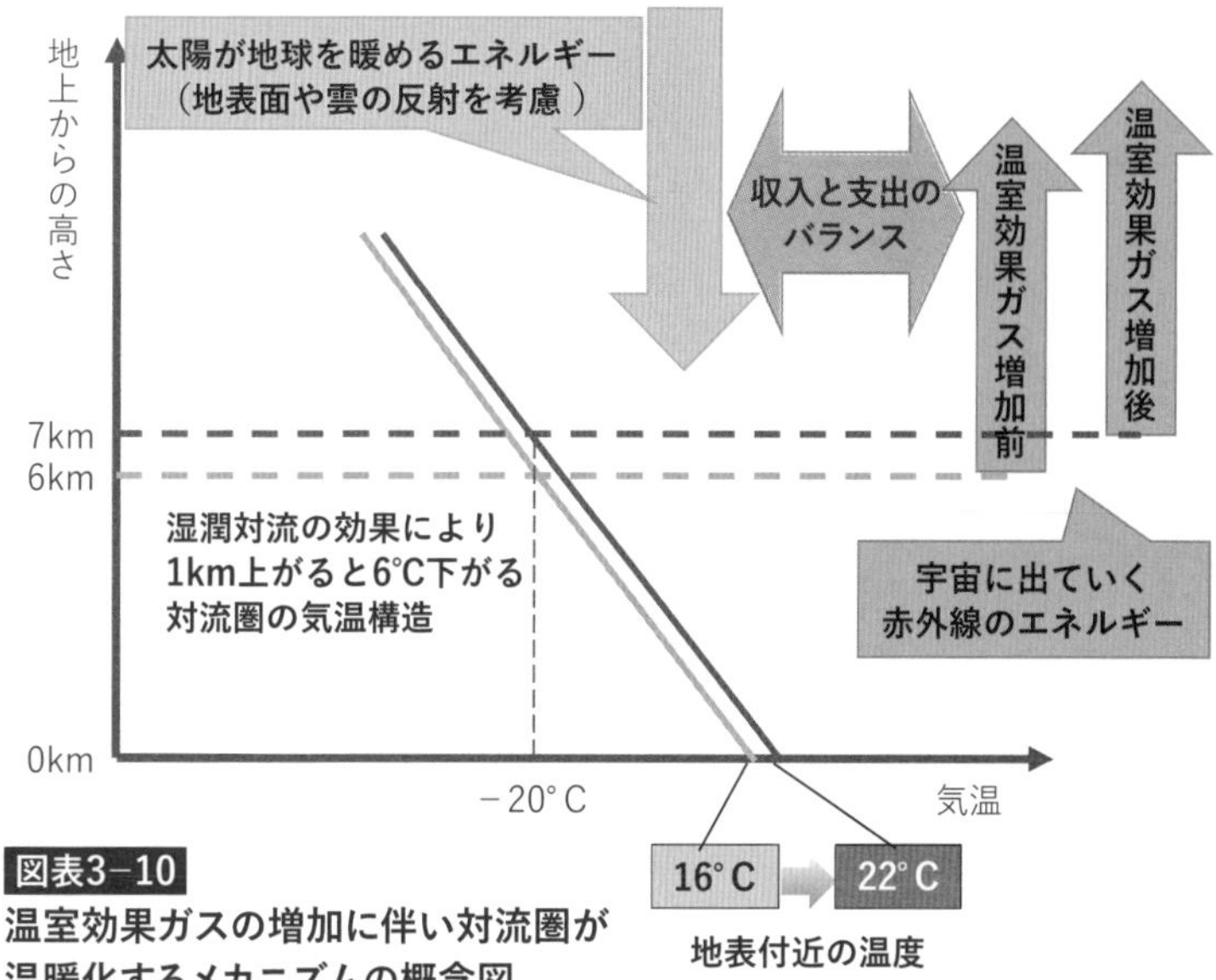

図表3−10
温室効果ガスの増加に伴い対流圏が温暖化するメカニズムの概念図
（出所）真鍋が1960年代に提証したメカニズムを筆者が図にしたもの

されてしまうので、平均的には高さ6キロ付近から出る赤外線が宇宙に届いています。高さ6キロ付近の温度はマイナス20度ということになります。地球全体の熱のバランスとしては、この高さから宇宙に出る赤外線のエネルギーが、太陽からの日射として地球が受け取っているエネルギーに等しくなります。

　地上付近で16度、高さ6キロでマイナス20度ということは、その差は36度になります。1キロ上がると、ほぼ6度下がることになり、対流圏の気温構造に近くなります。この気温構造は水蒸気の凝結を伴う対流の結果であることはすでに述べました。

　温室効果ガスを含む大気と地表面

が、太陽の日射で暖められ、赤外放射によって宇宙に熱を放出している。そのバランスした状態を維持しながら、水蒸気の凝結を伴う対流（湿潤対流）が発生することで、対流圏の気温構造が維持されていることを、真鍋は「放射対流平衡」という概念を使って示しました。

温室効果ガスが増えていくと、地球からの赤外線の吸収が強くなるので、より高いところからの赤外線が宇宙に届くようになります。今まで宇宙から見えていた赤外線は6キロの高度から出たものでしたが、たとえば、それが7キロの高度になったとしましょう。太陽から受ける日射量は変わらないとすると、熱のバランスを維持するためには宇宙に届く赤外線の強さは温室効果ガスが増える前と同じとなります。赤外線の強さは、赤外線の出発点での温度で決まりますので、7キロの高さの温度がマイナス20度となります。

そして、積乱雲に代表される湿潤対流によって、鉛直方向に1キロあたり6度下がる気温構造が維持されることから、地上付近の温度は約6度上昇します（ここでは簡単に示すため、やや極端な数字を用いました、数値にはとらわれず、定性的な理解をお願いします）。

これが、真鍋が世界で初めて提唱した、温室効果ガス増加に伴う対流圏の温暖化のメカニズムです。積乱雲などの湿潤対流活動が関係するため、このメカニズムは対流圏だけで通用します。成層圏では、逆に温室効果ガスの増加によって気温は低くなります。これは後に観測で実証されました。このように、非常に単純な数値モデルによって、温室効果ガスの増加が地球温暖化をもたらすことを示したところに、真鍋の素晴らしさがありました。

一方、これまで述べてきたように、気候というのは複雑さを持ち合わせています。数十年の時間スケールで進行していく温暖化は、大気とともに海洋の役割をきちんと評価することが重要です。その理由の一つは、大気や地表面に比べて海洋は、膨大な熱を吸収する容量があるからです。

また、これまで述べてきた通り、海洋と大気はお互いに影響を及ぼしながら変動しますので、地球温暖化の研究には、大気モデルと海洋モデルの相互作用を考慮した数値モデルが必要です。

真鍋は大気海洋結合モデルを用いて、どの程度の温室効果ガスの増加によって、どの程度の温暖化が予測されるのか、地球各地でどの程度温暖化が進むのかを計算しました。

真鍋が1958年に渡米した理由の一つに、当時日本ではめったに使えなかったコンピューターを米国では思いきり使えることがありました。第2章でも触れましたが、日本で数値予報の立ち上げに関わった日本人の多くが渡米し、数値シミュレーション技術などで世界の気象学をリードする研究者になりました。

ただ、米国といえども、当時のコンピューターの能力は、今とは比べものにならないくらい貧弱でした。気候モデルの開発でも、真鍋は大胆な計算の単純化を行いつつ、本質的なプロセスを表現できるように工夫しました。

こうした研究の成果として、たとえば北極周辺では温暖化に伴い雪氷面積が減少し、その結果太陽からの日射の反射が少なくなって、より多くの熱を受け取ることで、気温上昇が他の地域より大きくなることを示しました。(Manabe, S. and Wetherald, R. T., 1975. The effects of doubling the CO_2 concentration on the climate of a general circulation model. J. Atmos. Sci. 32, 3–15.)

この単純化された数値モデルを使った真鍋の論文は、その後近年の温暖化に伴う実際の温度変化の観測結果からも、正しいことが示されています。

その後、コンピューターの進展とともに、日本を含めて世界各国で地球温暖化を予測する気候モデルの開発が進んでいます。この気候モデルの土台は、第2章で述べた数値天気予報のモデルと同じですが、複雑な気候のシミュレーションを行うためには、大気だけの予測では不十分です。

海洋、雪氷、植生などさまざまなプロセスを含む複雑系としての地球の気候をシミュレーションする必要があり、地球システムモデルと呼ばれるようになりました。

こうしたモデルの役割は、温室効果ガス排出のさまざまな将来シナリオに対し、気候がどう変化していくかを示すことにあります。同時に、過去から現在までの観測結果とシミュレーションを比較して、温暖化のプロセスやメカニズムを評価していくことも、予測の信頼性を高める上で重要です。

とりわけ数十年から100年スケールの変化においては、地球表面の7割の面積を持つ海洋の役割が重要になってきます。人為的に排出される温室効果ガスの4割は海洋に吸収されます。1971年から2010年までの地球上の熱エネルギー増加量の60％以上が、海洋表層（深さ700メートルまで）、30％がそれより深い海洋に蓄えられたと言われています。海洋の役割抜きには、地球温暖化は語れないことがよくわかるでしょう。

地球システムモデルの研究成果はさまざまなところで紹介されていますので、これ以上触れません。以下は、産業革命以降の観測事実を中心に近年の気候変化を紹介します。

水蒸気・二酸化炭素・メタンの温室効果

まず、温室効果ガスについて、排出規制の観点を含めてここでまとめておきます。温室効果ガスとは前節で述べたように、地球大気の放射バランスを通じ地球表面を暖める効果を持つ気体を指します。このうち水蒸気は二酸化炭素よりもはるかに多く大気中に含まれ、温室効果としても温室効果ガス全体の50％以上の役割を果たしています。

しかし、水蒸気の多くは海面からの蒸発などで自然に発生し、凝結して降水となり自然に消えていきます。大気中の水蒸気量は約10日分の平均降水量と同程度なので、大気中の水蒸気の平均寿命は10日程度となります。

このように水蒸気の排出は自然起因がほとんどであることに加え、平均寿命が短いことから、地球温暖化対策の枠組みにある温室効果ガスではありません。ですから排出規制もありません。

一方、メタンなどの温室効果ガスについては、それぞれ地球温暖化に寄与する効果を示す地球温暖化係数（ＧＷＰ）を二酸化炭素との比率で決めています。ＧＷＰを用いて、さまざまな温室効果ガスを二酸化炭素に換算し、排出規制する仕組みになっています。たとえば、メタンの濃度は二酸化炭素濃度の約２００分の１ですが、全温室効果ガスが地球温暖化に与える影響の23％を担っています。

メタンの温室効果は非常に強く、二酸化炭素と比べて20年間で84倍にもなります。ＧＷＰは１００年間の効果で算出され、二酸化炭素の28倍です。さきほどの84倍より小さいのは、メタンの大気中の平均寿命は10年程度と短かく、大気中に排出しても１００年後にはあまり残らないからです。

このようにＧＷＰは、温室効果の強さだけではなく、気体が１００年後どの程度大気中に残存するかも勘案して決められます。逆に言えば、10年、20年といった期間では、メタンは28倍という数字以上に温暖化への影響が大きくなります（国立環境研究所ほかによる２０２０年８月６日付プレス資料 https://www.nies.go.jp/whatsnew/20200806/20200806.html）。

次に二酸化炭素とメタンについて、産業革命以降の濃度推移を概観します。気象庁では、産業活動に伴う温室効果ガスの排出源から遠く離れている、南鳥島、与那国島、三陸沿岸の綾里の３カ所で、温室効果ガスの観測を継続的に行っています。まず、温室効果ガスの代表である

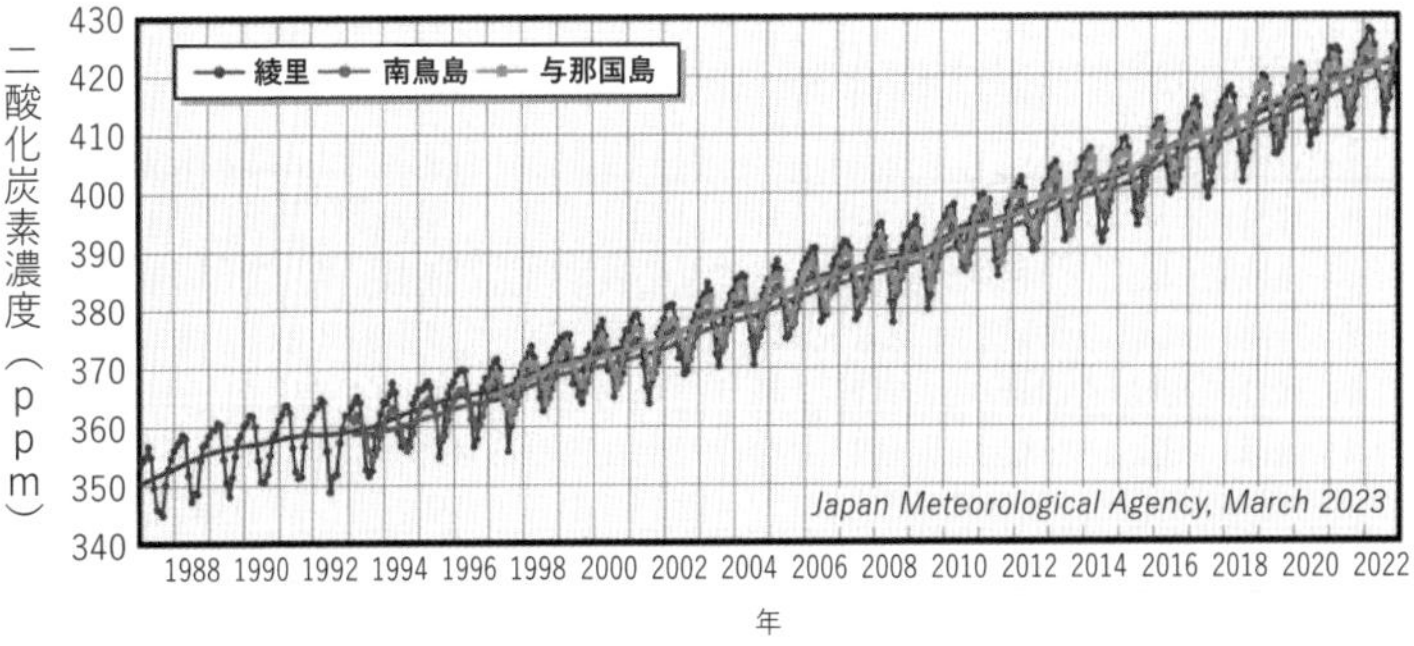

図表3−11　気象庁の観測点である綾里、南鳥島及び与那国島における大気中の二酸化炭素濃度の月平均値の時系列と、その時系列データから季節変動やそれより短い周期成分を取り除いて平滑化したグラフ

（出所）気象庁ホームページより
https://www.data.jma.go.jp/ghg/kanshi/ghgp/co2_trend.html

二酸化炭素の近年の観測結果を見てみましょう。**図表3−11**は3地点の観測結果で、月平均濃度の時系列と時系列から季節変動等を除いたものを示しています。まず、1年ごとに上下を繰り返している月平均濃度では、どの地点でも冬季に濃度が高く、夏季には濃度が低くなっています。

植物は、呼吸・分解活動により二酸化炭素を排出する一方、光合成により二酸化炭素を吸収します。夏季には太陽からの日射を多く受けて植物の光合成活動が活発になりますが、冬季には日射が少なく光合成活動が弱まります。

その結果、夏には大気中の二酸化炭素の植物への吸収が多く、冬には少なくなることから二酸化炭素の濃度の季節変動が見られます。こうした季節変動を繰り返しながら、徐々に二酸化炭素濃度が上昇していることがわかります。

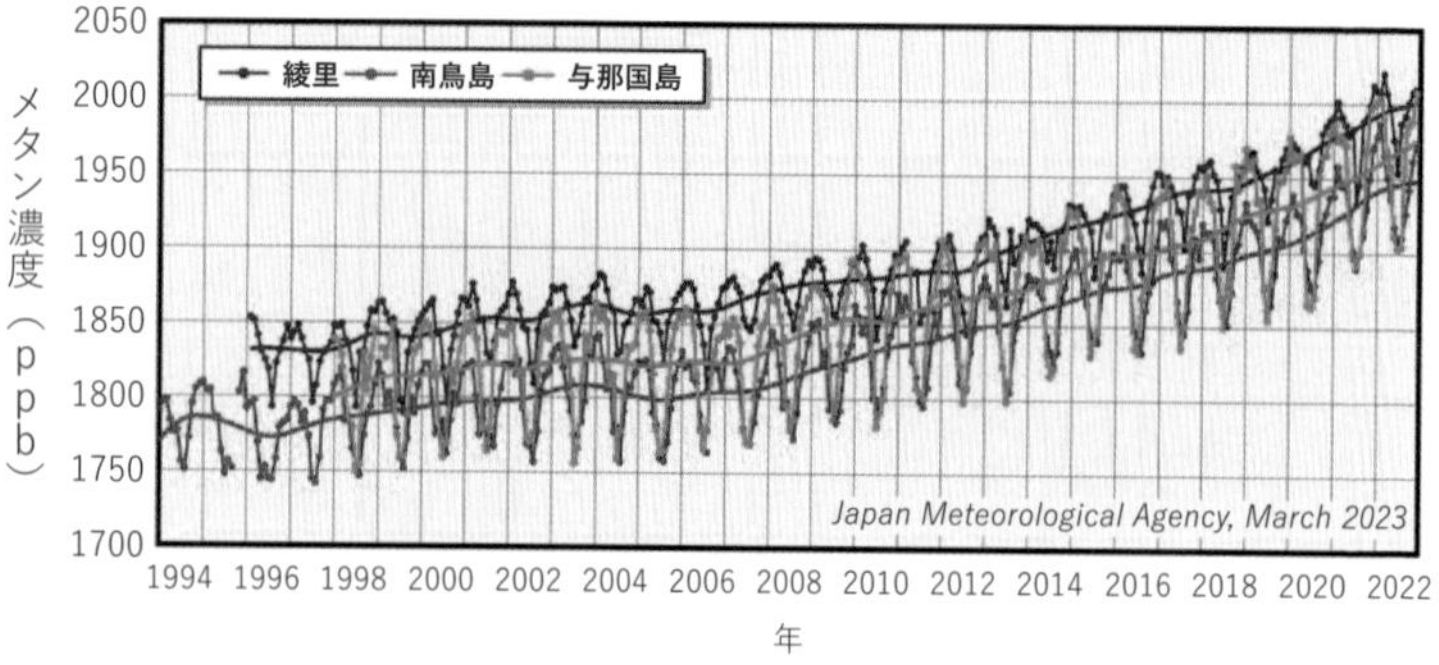

図表3−12　気象庁の観測点である綾里、南鳥島及び与那国島における大気中のメタン濃度の月平均値の時系列と、その時系列データから季節変動やそれより短い周期成分を取り除いて平滑化したグラフ

（出所）気象庁ホームページより
https://www.data.jma.go.jp/ghg/kanshi/ghgp/ch4_trend.html

温室効果ガス世界資料センター（WDCGG）の解析によると、2021年の世界の平均濃度は415・7ppmで、産業革命以前の平均的な値である278・3ppmに対し、49％増加となっています。

次に、メタンについての観測結果を図表3−12で見てみましょう。まず、縦軸の濃度の数字が二酸化炭素よりも一桁大きいように見えますが、単位がppmではなくppbとなっていて、それぞれ100万分の1、10億分の1という意味です。1900ppbは1・9ppmで、メタンの濃度は二酸化炭素の濃度の約200分の1となります。

メタン排出の半分以上は人為的要因で、化石燃料の生産と消費、農業（水田、牛などの家畜等）、廃棄物処理などが主な排出源です。二酸化炭素と同様に夏に少なく、冬に多いという季節変化があり、水蒸気と紫外線が関係する化学反応により、メタンが消滅することなどが原因です。

大気中のメタン濃度は産業革命前と比べ約2・5倍で、二酸化炭素よりも増加率は高くなっています。2000年前後には一時増加率が小さくなった時期がありますが、その後再び増加率は大きくなっています。2021年には世界平均のメタンの増加量が観測史上最高となりました。

二酸化炭素、メタンガス以外にも人類が排出している温室効果ガスはありますが、それらの詳細は他書に譲ります。なお、先に述べた通り水蒸気は排出規制の対象ではありませんが、温暖化によって飽和水蒸気密度が増えるため、大気中の水蒸気量は増えていきます。この増えた水蒸気量によって、温室効果が強まり、地球温暖化がさらに加速する可能性もあります。

気温と海水温の上昇

図表3－1でも示した通り、長い地球の歴史において、二酸化炭素の濃度が大きく変動する時代がありました。しかし、産業革命以降の濃度の上昇は、これまでの変動と比べて異例の速さになっています。二酸化炭素に加えメタンガス等の温室効果ガスの増加に伴い、世界の平均気温は100年で0・74度のトレンドで上昇しています（図表3－13）。平均気温はさまざまな

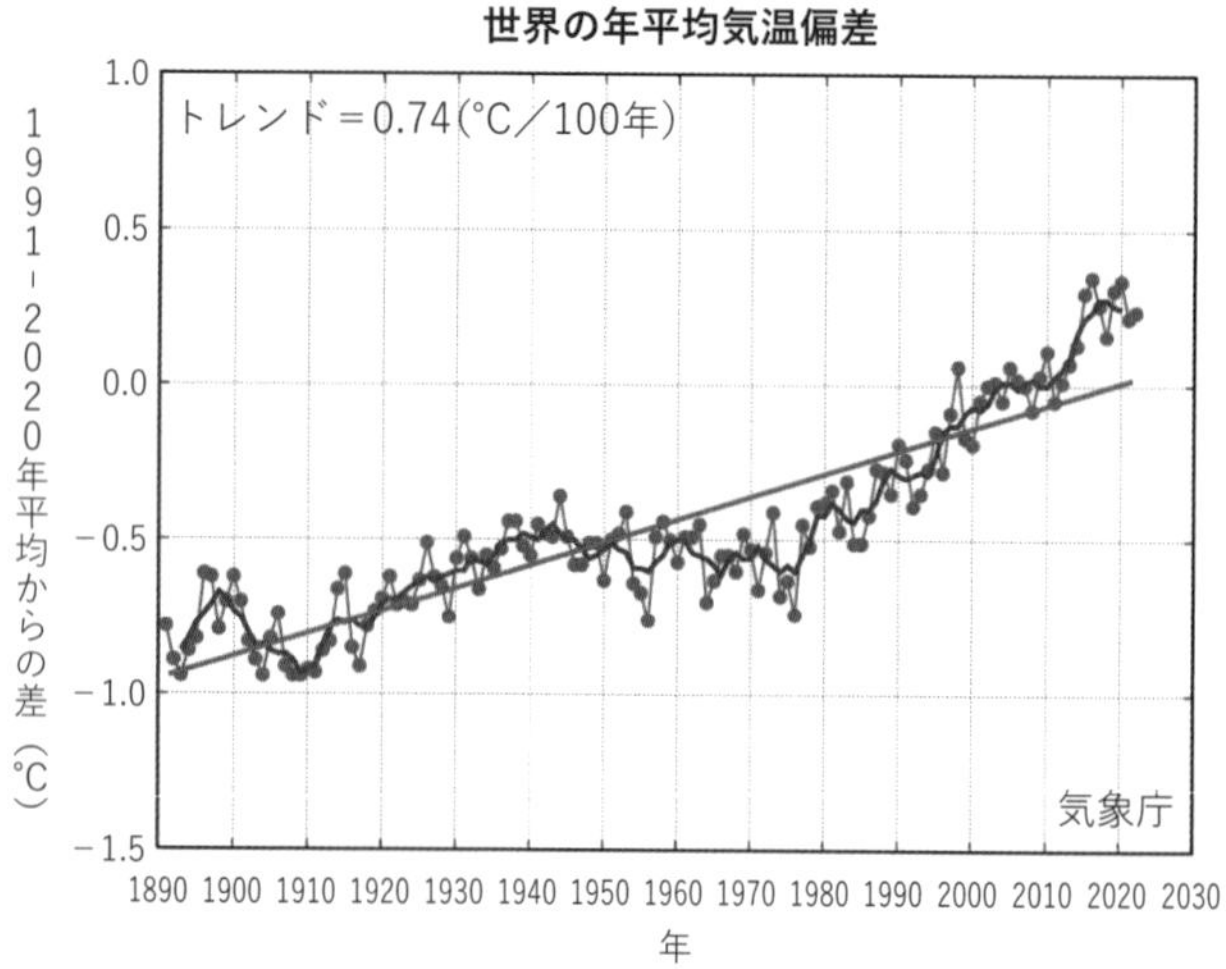

図表3−13　世界の年平均気温偏差の経年変化（1891～2022年）

（注）偏差の基準値は1991～2020年の30年平均値。細線（黒）は各年の値（基準値からの偏差）を示している。太線（青）は偏差の5年移動平均値、直線（赤）は長期変化傾向（この期間の平均的な変化傾向）を示している。

（出所）気象庁ホームページより　https://www.data.jma.go.jp/cpdinfo/temp/an_wld.html

変動を繰り返しながら上昇していますが、近年の高温傾向はとみに著しく、2014年から2022年にかけての9年間それぞれの年平均気温は、統計を開始した1891年以降、上位9位に入っています。

本章の最初に氷期や間氷期といった10万年スケールの変動には、日射量の変動や火山噴火の影響、さらに雪氷域が変動してアルベドが変化する効果が加わっている、という説明をしました。日射量の変動や火山噴火の影響は今もあります。こうした自然要因の変動が世界の平均気温に及ぼす影響はどの程度なのでしょうか。

ＩＰＣＣの第5次評価報告書のＦＡＱに掲載されているのが図表3－14です。世界の平均気温の19世紀末からの変動とそれに寄与する自然要因、人為的要因、内部変動を示したものです。

自然要因のうち、火山噴火の影響については、１８８３年のインドネシア・クラカタウ火山の噴火、１９９１年のフィリピン・ピナトゥボ山の噴火などの影響が確認できます。

太陽活動については、まず11年周期が顕著に見られるのと、20世紀前半に長期的な増加傾向があったことがわかります。世界平均気温への影響としては、火山が０・１度から０・２度の

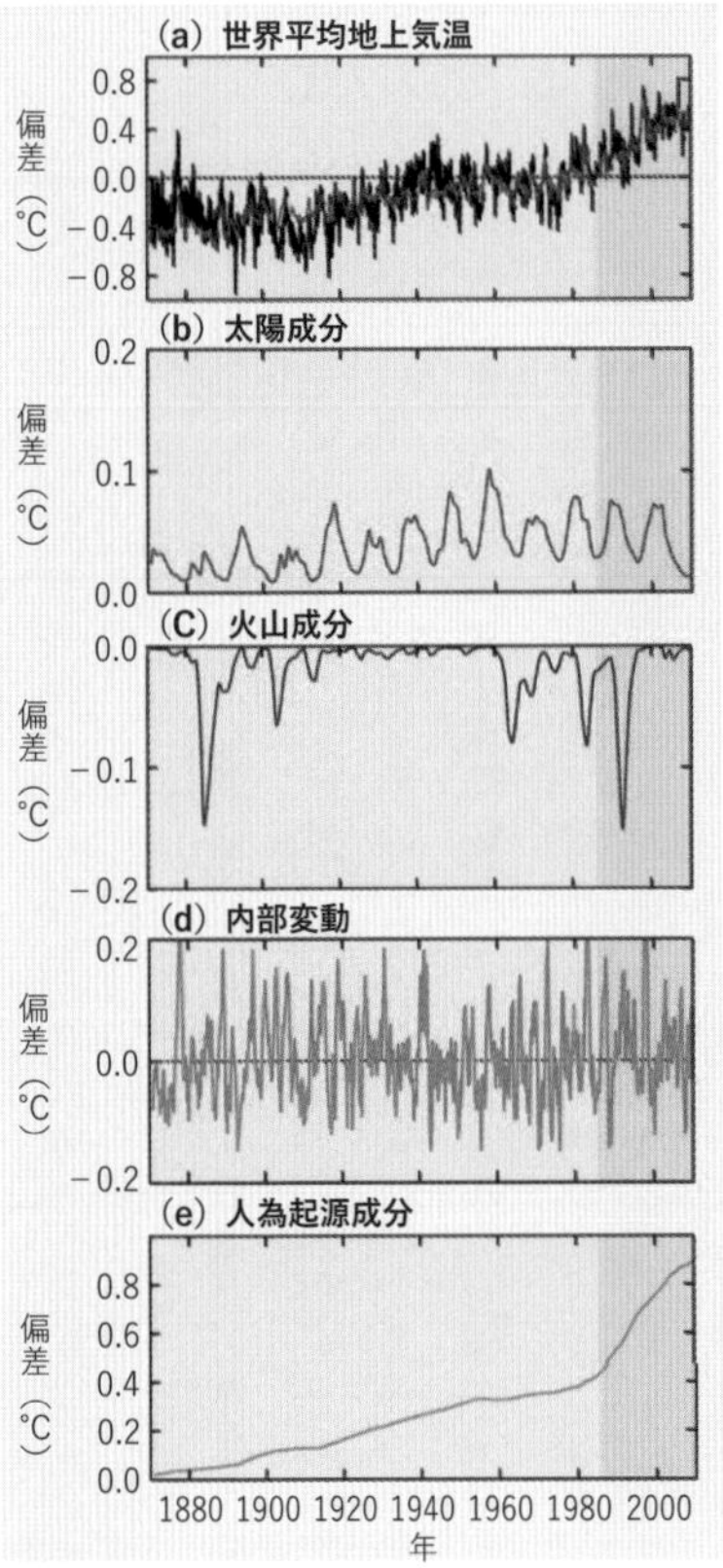

図表3−14　世界平均地上気温の偏差と、それに影響する自然要因（太陽、火山、内部 変動）と人為的要因

（出所）IPCC第5次評価報告書　第1作業部会報告書　よくある質問と回答　FAQ5.1　気象庁訳　https://www.data.jma.go.jp/cpdinfo/ipcc/ar5/ipcc_ar5_wg1_faq5.1_jpn.pdf

気温降下、太陽が0・1度の気温上昇を見ることができます。

内部変動については、エルニーニョ南方振動（ENSO）がもっとも寄与が大きく、1997年−1998年のエルニーニョ現象の期間には0・2度に達する気温上昇がありま す。一方、人為起源については、温室効果ガスによる気温上昇と人為的排出エーロゾルによる気温降下の重ね合わせとなっています。19世紀末から21世紀初めにかけて0・9度近い上昇がありますので、自然要因や内部変動の効果よりも大きいことがわかります。

このように、世界平均の地上気温の変化は、人為的な影響が主たる要因ですが、それに加えて太陽、火山、内部変動といった自然の変動が重なったものが反映されていることがわかります。

コラム

人工的な排熱の効果が気温上昇に及ぼす影響はどれくらいあるのか

人類のエネルギー消費に伴う排熱量がどの程度温暖化に寄与しているのか、関心をお持ちの方がいらっしゃるかもしれません。電気事業連合会のホームページには世界のエネルギー消費のグラフがあります。

https://www.fepc.or.jp/enterprise/jigyou/world/index.html

これによると、2000年頃には400エクサジュール（エクサは100京倍、ジュールはエネルギーの単位）だったのが2021年には600エクサジュール近くまで増加しています。21世紀の20年間の平均としてほぼ500エクサジュールとしましょう。

とんでもなく大きなエネルギー量なのですが、太陽からの日射量のエネルギーと比較してみましょう。太陽からの日射のエネルギーは、真上から太陽光が当たる地域で単位面積・単位時間あたりで、1370ジュールで、これを太陽定数と呼んでいます。これを1年分に換算して、さらに地球全体で受けるエネルギーとして地球を半分に割った円の断面積をかけると、およそ550000エクサジュールになります。この値は人類のエネルギー消費（500エクサジュール）のおよそ1万倍にもなります。

なお、太陽定数も太陽黒点の11年周期に伴って、その1000分の1程度の変動があります。それに伴う地球が太陽から受ける日射量のゆらぎと比較しても、人間活動に伴う排熱はその10分の1程度ということがわかります。

人間活動に伴い都市部の表面状態が変わることや排熱によるヒートアイランド現象でわかるように都市部の気温変動には少なからざる影響があります。しかし、世界平均の気温への影響は温室効果ガスの影響よりもはるかに小さいと考えられています。

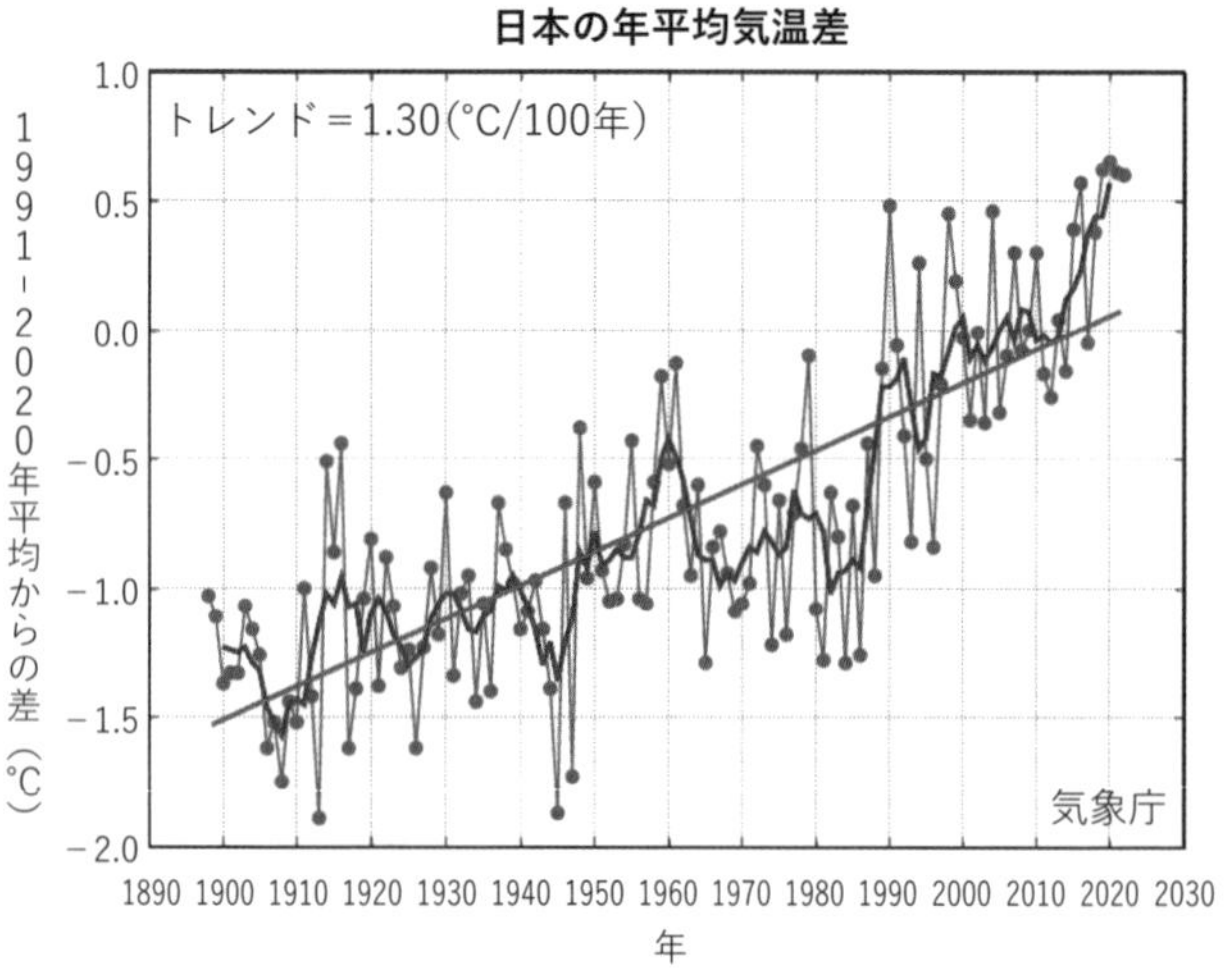

図表3－15　日本の年平均気温偏差の経年変化（1898～2022年）

（注）偏差の基準値は1991～2020年の30年平均値。細線（黒）は、国内15観測地点での各年の値（基準値からの偏差）を平均した値を示している。太線（青）は偏差の5年移動平均値、直線（赤）は長期変化傾向（この期間の平均的な変化傾向）を示している。

（出所）気象庁ホームページより　https://www.data.jma.go.jp/cpdinfo/temp/an_jpn.html

次に日本における気温の変動を**図表3－15**で見てみましょう。日本の多くの観測点では、観測開始以来、観測点を取り巻く環境が、都市化によってヒートアイランドの影響を受けるようになっています。こうした観測点を統計に用いると、地球温暖化の影響とヒートアイランドの影響が重なってしまいます。

そこで、長期間の観測があり、都市化の影響の少ない15地点（網走、根室、寿都、山形、石巻、伏木、飯田、銚子、境、浜田、彦根、多度津、宮崎、名瀬、石垣島）の統計を用いています。

このグラフでも、さまざまな自然変動と地球温暖化による気温上昇が重なっています。また近年の高温傾向は著しく、1898年からの期間で正偏差の大きな年は、1位から順に2020年、2019年、2021年、2022年、2016年となっています。また、100年間のトレンドは1・30度上昇と、世界の気温上昇率よりも高くなっています。真鍋博士が早くから指摘していた通り、北半球の大陸高緯度域で上昇傾向が明瞭であり、日本もその影響を受けている可能性があります。

地球温暖化の直接の影響として、もっともわかりやすいのは猛暑の増加です。2018年は西日本豪雨が発生して、271人の死者行方不明者という近年にない大きな風水害となりました。

一方、同年の夏は記録的猛暑となり、熱中症死亡者数は1500人を超えたとされています。「災害級の暑さ」という言葉が使われて、同年の新語・流行語大賞のトップテンにも選出されました。同年の全国のアメダス地点における猛暑日（最高気温が35度以上の日）の年間延べ日数は6000地点を超え、過去最多となっています。

猛暑日の傾向と地球温暖化との関係については、温室効果ガスの増加に伴う温暖化と都市化に伴う「ヒートアイランド現象」を切り分けて分析する必要があります。「ヒートアイランド現象」は、人工的な地面や建築物、エアコン等からの人工的排熱が増えることで、都市部の気温がその周りより高くなることによって発生します。

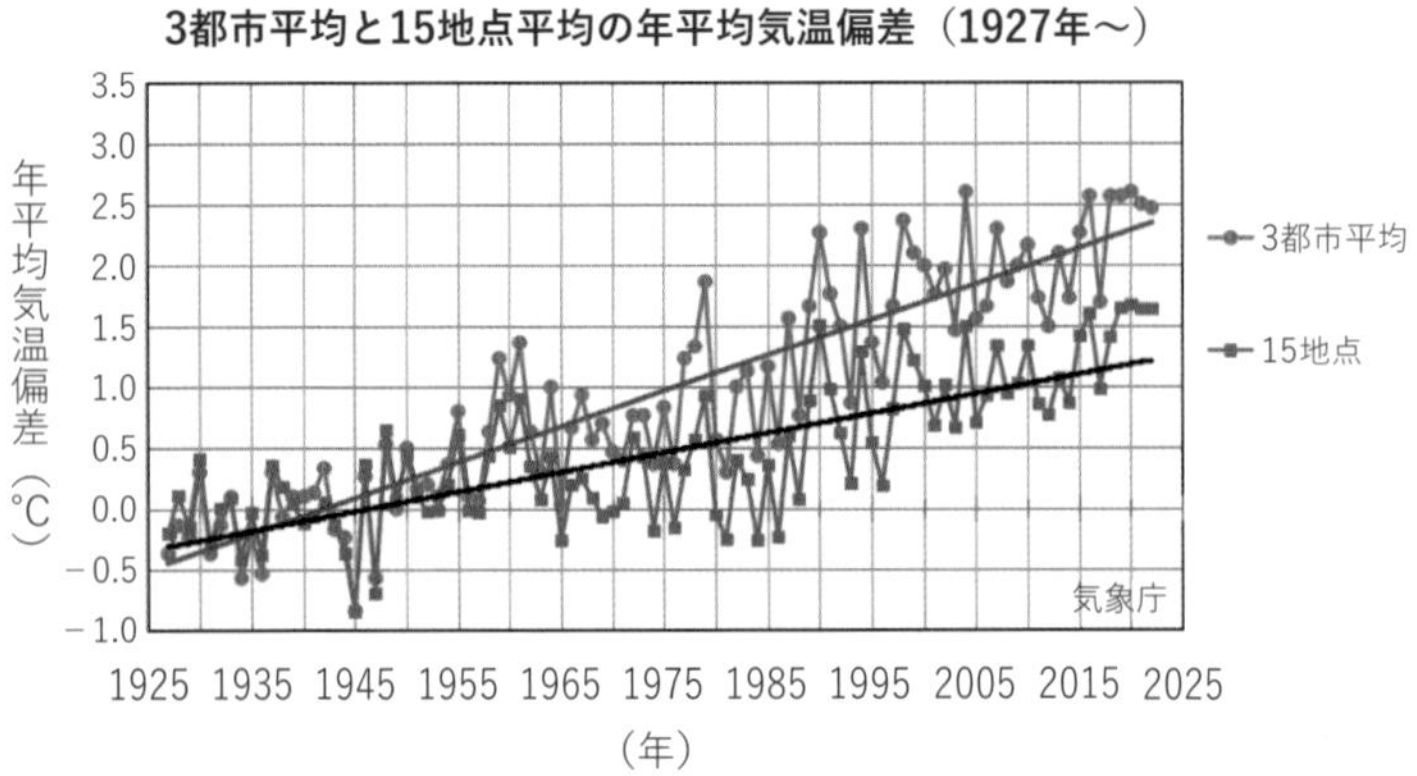

図表3−16　東京、名古屋、大阪の3都市平均と都市化の影響が比較的小さいとみられる15観測地点平均の年平均気温偏差の経年変化

（注）ここでの年平均気温偏差は、1927〜1956年平均値からの差
（出所）気象庁気候変動監視レポート2022より
https://www.data.jma.go.jp/cpdinfo/monitor/2022/pdf/ccmr2022_all.pdf

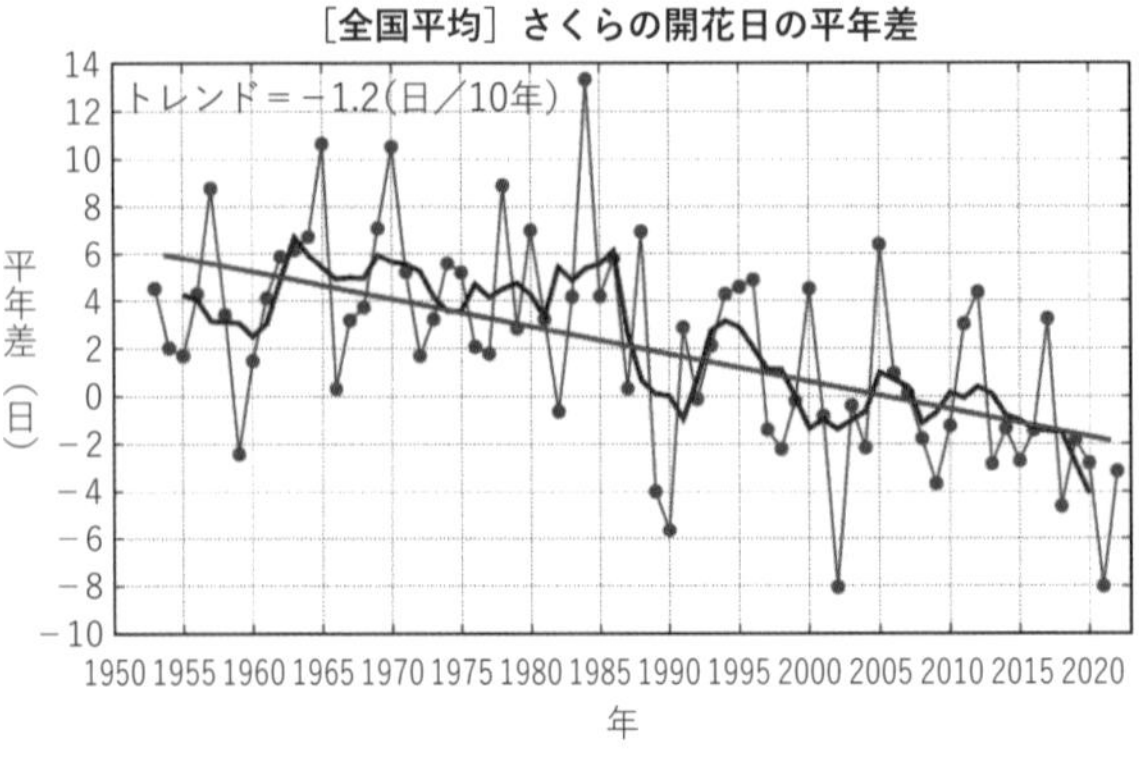

図表3−17　サクラの開花日の経年変化

（注）黒の実線は平年差（全国58観測地点で現象を観測した日の平年値（1991〜2020年の平均値）からの差を全国平均した値）を、青の実線は平年差の5年移動平均値を、赤の直線は変化傾向（トレンド）をそれぞれ示す。
（出所）気象庁気候変動監視レポート2022より
https://www.data.jma.go.jp/cpdinfo/monitor/2022/pdf/ccmr2022_all.pdf

都市化の影響が小さい観測地点における長期変動と、東京など都市化が進む地域における長期変動を比較したものが**図表3－16**です。都市化の影響の小さい15地点での気温上昇は、主に地球温暖化が原因で、それより気温上昇が著しい東京、名古屋、大阪は、地球温暖化にヒートアイランドの影響が重なってさらに気温が上昇しています。ヒートアイランドの影響が1960年代以降大きくなっている様子もわかります。熱帯夜、真夏日、猛暑日などの増加は特に大都市で顕著であり、これらの地域における熱中症の深刻化にもつながっています。

気温上昇に伴い、サクラの開花時期も近年早くなってきています。開花日の統計を調べてみると、10年で1・2日程度早くなっています（**図表3－17**）。同様に、寒くなる時期に葉の色が変わる紅葉についても、たとえば、カエデの紅葉の時期は10年で3日程度遅くなっています。こうした身近な植物への影響から、近年の温暖化傾向を実感している方も少なくないでしょう。

日本付近の温度上昇は、気温だけでなく、海の表面温度（海面水温）でも観測されています。地球全体で平均した海面水温は100年で0・60度の上昇ですが、日本近海の上昇率は100年で1・24度とその倍以上となっています（**図表3－18**）。

海水温の上昇により、今まで生息していなかったような熱帯魚が日本付近で生息するようになるといったさまざまな影響が出てきています。また、水温の上昇により海水が膨張して海面が高くなる効果は、高潮災害のリスクという点でも重要です。

なお、海面は海水温の上昇により水が膨張することで上がりますし、大陸上の雪氷が解けて水に変わることでも上がります。地球温暖化による海面の上昇は社会的影響がきわめて大きい一方で、不確定性の多い分野です。南極大陸やグリーンランドなどの陸上の氷床が温暖化にどう反応していくのか、海の流れがどう変化するのかなども影響します。

関東平野では、2万年ほど前の氷期には海面が100メートルちょっと低くなっていました。今の東京湾は陸地になっていて、そこに利根川、荒川、多摩川等が合流して大きな川（古東京川）が流れていました。氷期が終わり気候の温暖化とともに高緯度の陸地の氷床が解けて海面は上昇し、今から約7000年前には今より2～3メートル海面が高くなりました。これを縄文海進と呼び、今では海岸から遠く離れた埼玉県内に縄文時代の貝塚があります。

図表3－1ではこの時代の海面水位は－3・5～0・5メートルとなっていて、日本付近は

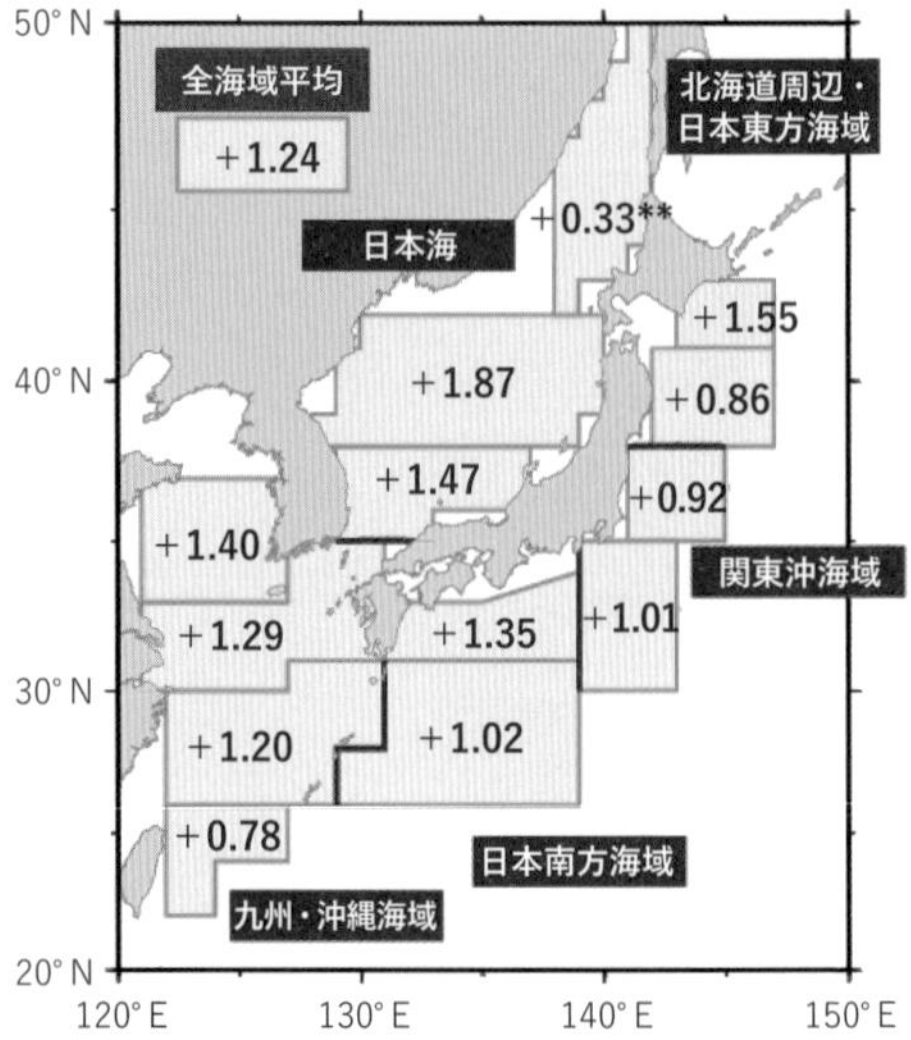

図表3−18　日本近海の海域平均海面水温（年平均）の変化傾向（℃／100年）

（出所）気象庁ホームページより
https://www.data.jma.go.jp/kaiyou/data/shindan/a_1/japan_warm/japan_warm.html

この世界平均よりも水位が上がっていました。これは、高緯度の北米や欧州などでは氷河が解けたことで、陸地の上の重い荷重が減って陸域が隆起したのに対して、日本付近ではその効果がなかったからとされています。

このように氷期、間氷期といった気温の変動に伴い海面の高さが変動しました。また、氷床や海水の量が変動して重さが変わることで地殻が変動することも海面の高さに影響します。

大雨は増えているのか

海水温の上昇によって、海面からの蒸発量が多くなります。第1章では、大気中に含まれる水蒸気量は、気温が上がると急速に多くなると述べました。海面に接している空気は海面水温とほぼ同じ温度ですので、気温が上がれば、空気中に存在できる水蒸気量も多くなります。また、地表面付近の水蒸気が多いことが積乱雲の発達する一つの条件と述べました。すなわち海面水温が高くなると、水蒸気が増え、積乱雲が発達しやすくなります。海水温の高い海からの風で水蒸気が大量に運ばれ、それが次々と積乱雲として発達することで、線状降水帯が発生します。

日本の大雨の頻度は近年増加しているのでしょうか。気象庁の全国51地点の降水量観測データの統計があります（図表3－19）。これによると、日降水量100ミリ以上の頻度は、120

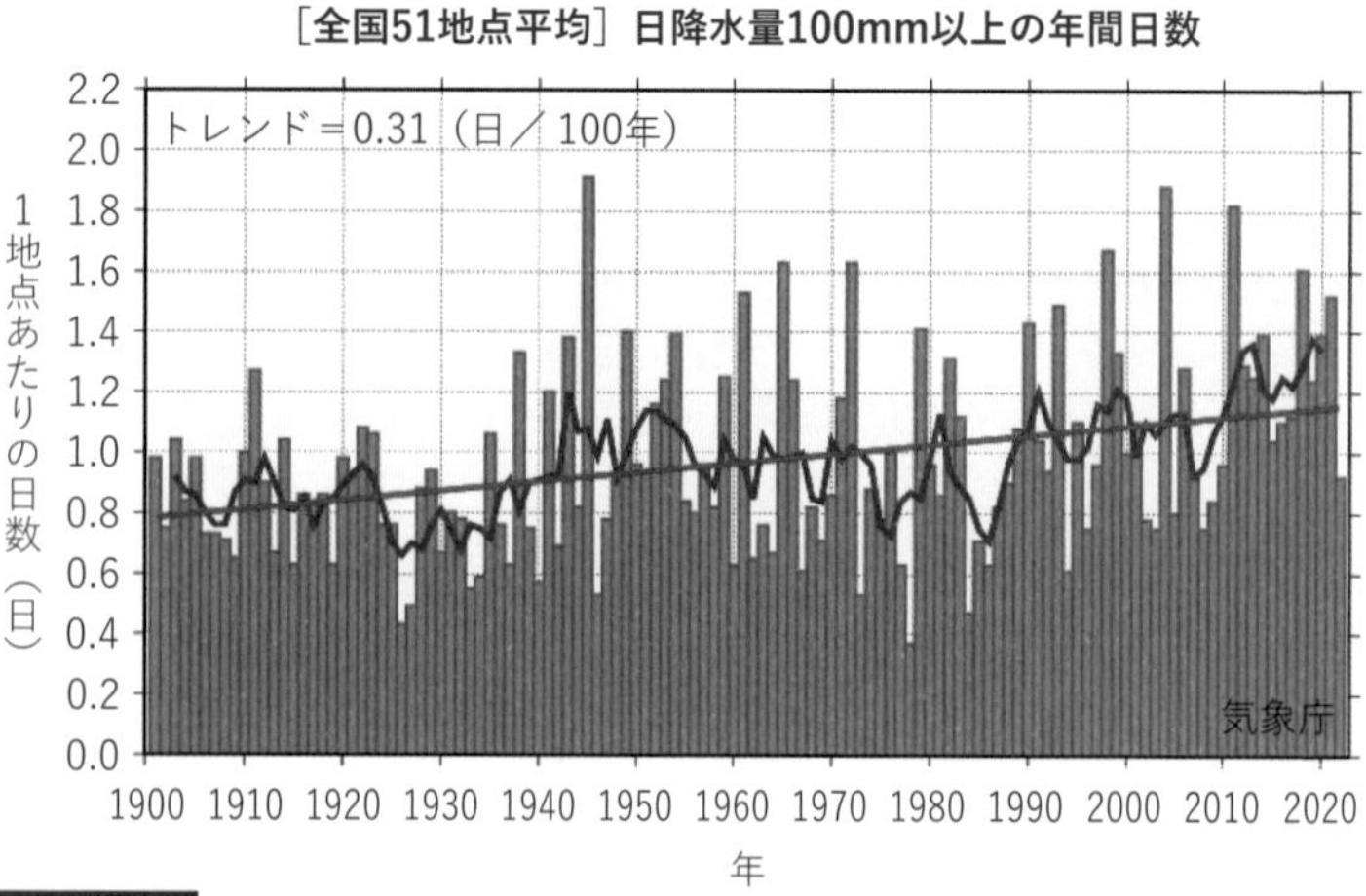

図表3−19

日降水量100mm以上の年間日数の経年変化（1901〜2022年）

（注）棒グラフ（緑）は各年の年間日数の合計を有効地点数の合計で割った値（1地点あたりの年間日数）を示す。太線（青）は5年移動平均値、直線（赤）は長期変化傾向（この期間の平均的な変化傾向）を示す。

（出所）気象庁ホームページより
https://www.data.jma.go.jp/cpdinfo/extreme/extreme_p.html

年余りの期間で増減を繰り返しながらも、次第に増えてきています。

増減を繰り返しながらも、と書きました。たとえば、１９４０年代後半から１９５０年代の前半にかけて、大雨の頻度の高かった期間がありました。昭和20年代に、毎年のように豪雨や台風で１０００人規模の犠牲者が出ました。河川整備が遅れていたことに加えて戦災の影響もあったと考えられますが、一方では自然の変動としてもこの時期に大雨が多かったことも確かです。

１９００年からのグラフを見ると、１９７０年代までは増減を繰り返してはいますが、増加のトレ

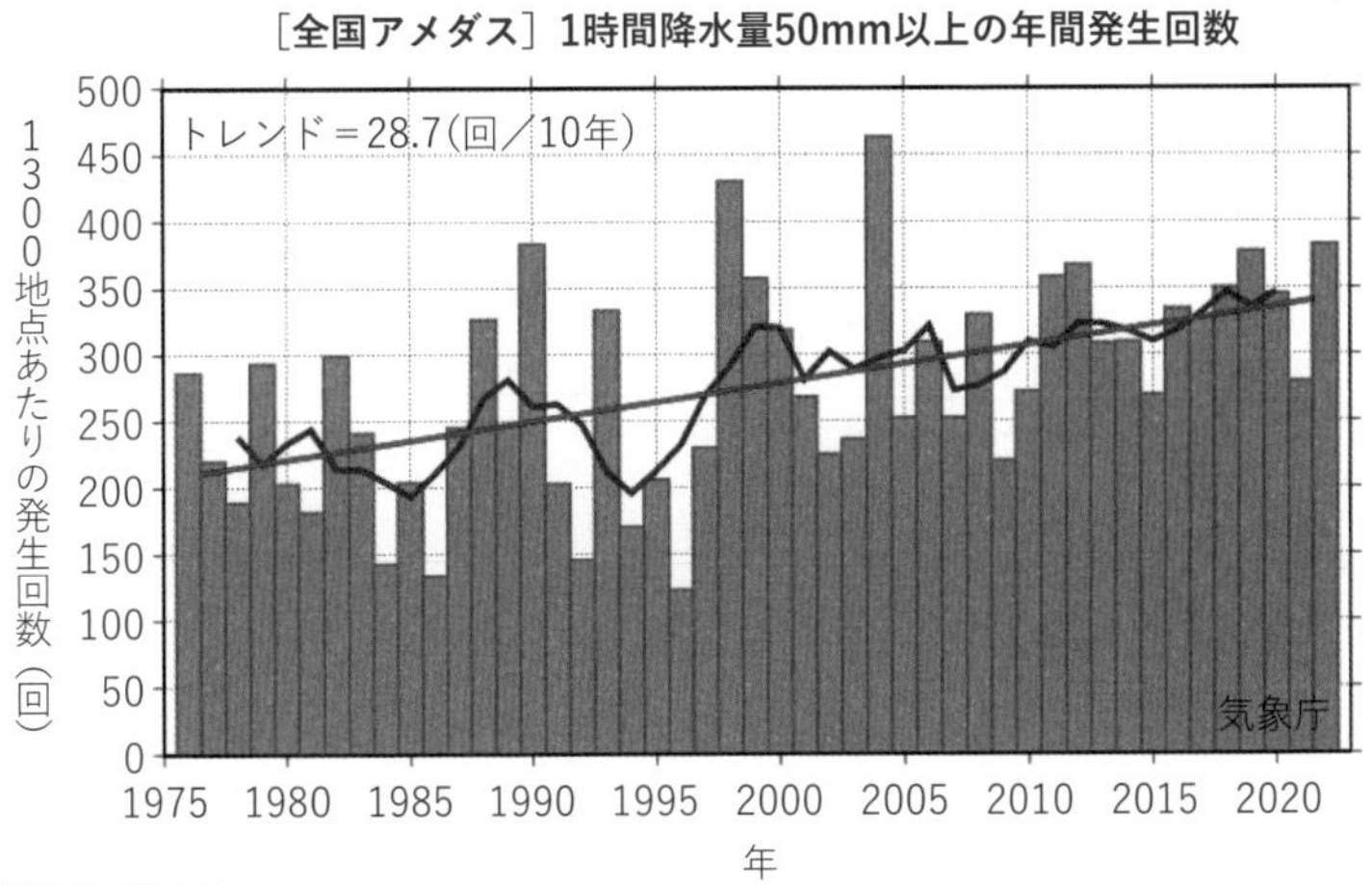

図表3－20
1時間降水量50mm以上の年間発生回数の経年変化（1976～2022年）

（注）棒グラフ（緑）は各年の年間発生回数を示す（全国のアメダスによる観測値を1300地点あたりに換算した値）。太線（青）は5年移動平均値、直線（赤）は長期変化傾向（この期間の平均的な変化傾向）を示す。

（出所）気象庁ホームページより
https://www.data.jma.go.jp/cpdinfo/extreme/extreme_p.html

ンドはあまり明確でありません。1980年代以降、増加トレンドがより明確になっています。**図表3－20**は、1時間降水量50ミリ以上の頻度について、全国に約1300地点あるアメダスの観測点における、1975年以降の統計を示しています。この期間は、短時間の大雨の頻度が増加していることがわかります。

気象庁のラジオゾンデを用いた高層観測によると、上空1500メートル付近の水蒸気量が、この40年間で増加傾向であることもわかっており、地球温暖化→水蒸気量の増加→大雨の増加、という影響も背景にありそうです。IPCC

の最新の見解である、第6次評価報告書の第一作業部会の報告には、次の記載があります。

「大雨の頻度と強度は、変化傾向の解析に十分な観測データのある陸域のほとんどで、1950年代以降増加しており（確信度が高い）、人為起源の気候変動が主要な駆動要因である可能性が高い」

大気が温暖化するとともに海面水温が上がることで、台風など世界の熱帯低気圧の活動がどう変わるかについては、社会的な関心もきわめて高いこともあって、さまざまな研究が世界で進められています。熱帯低気圧についてのＩＰＣＣの見解は次の通りです。

「世界の強い熱帯低気圧の発生の割合は過去40年間で増加している可能性が高く、北太平洋西部の熱帯低気圧がその強度のピークに達する緯度が北に移動している可能性が非常に高い。これらの変化は内部変動だけでは説明できない（確信度が中程度）」

ここで北西太平洋域の熱帯低気圧である台風について、発生数や日本への接近、上陸数の長期変動を見てみましょう（図表3－21）。発生数、接近数については、長期変化傾向は見られません。上陸数については、年間3個程度でサンプル数が少なく、長期変化傾向を述べるのは難しい面があります。

一方、「北太平洋西部の熱帯低気圧がその強度のピークに達する緯度が北に移動している可能性が非常に高い」というＩＰＣＣの見解は、特に海面水温の長期的な上昇傾向の著しい日本近海では、台風が日本付近まで北上してきてもあまり衰えず、時には最盛期に上陸してくる可

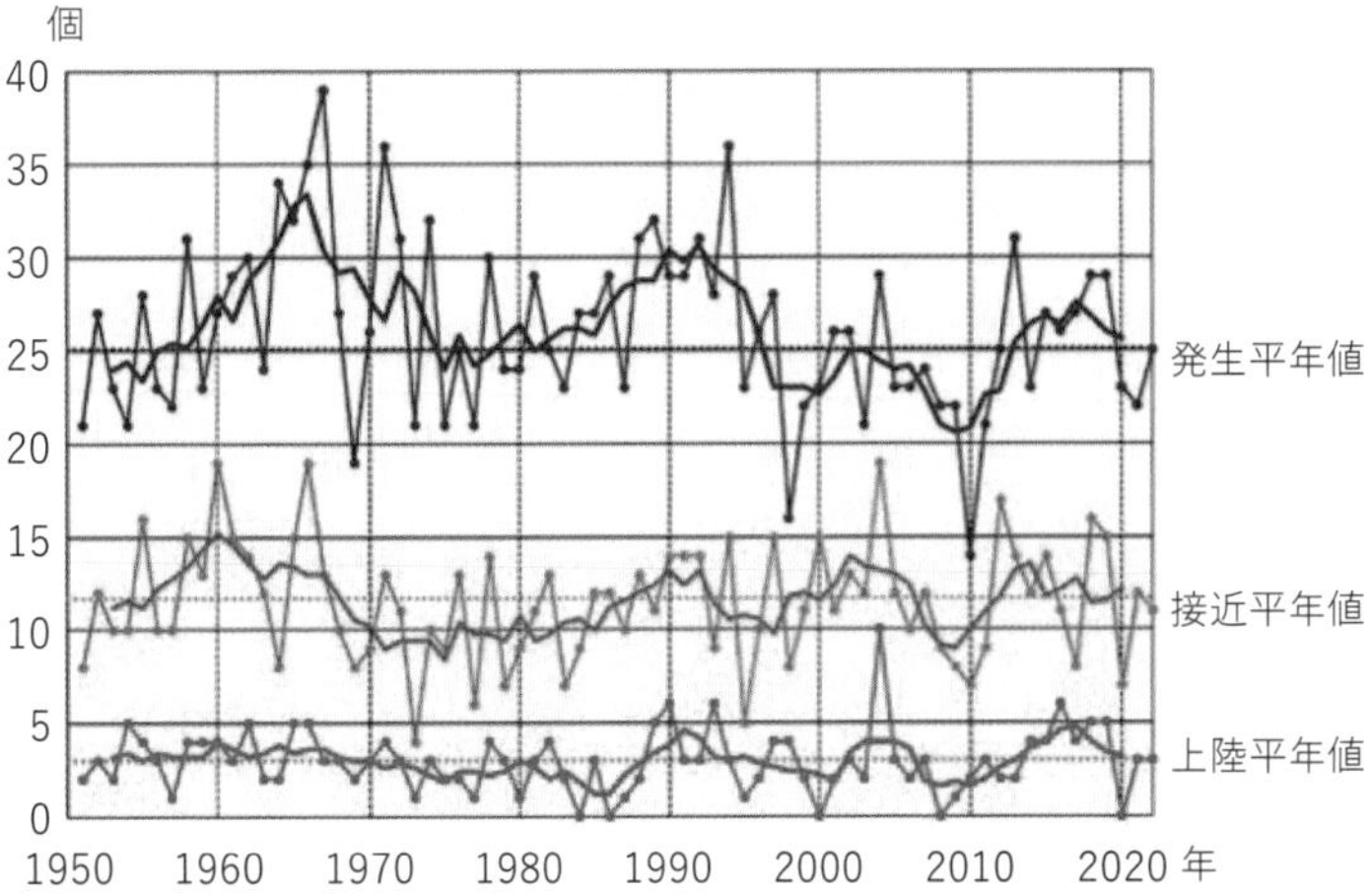

図表3-21　台風の発生数、日本への接近数・上陸数の経年変化

（注）青：発生数、緑：接近数、赤：上陸数。細線は各年値、太線は5年移動平均値、点線は平年値（1991～2020年の30年平均値）を示す。
（出所）気象庁気候変動監視レポート2022より
https://www.data.jma.go.jp/cpdinfo/monitor/2022/pdf/ccmr2022_all.pdf

能性を示唆していると考えられます。

最近の事例で言うと、２０１８年に大阪湾に高潮をもたらした台風第21号、２０１９年に房総半島で顕著な暴風災害をもたらした台風第15号（令和元年房総半島台風）がその具体例です。

日本に上陸した顕著な台風としては、１９３４年の室戸台風、１９４５年の枕崎台風、１９５９年の伊勢湾台風が昭和の３大台風とも呼ばれ、これに１９６１年の第二室戸台風を加えた４つの台風に匹敵するような台風は、その後上陸していません。

ＩＰＣＣで報告されている地球温暖化と強い熱帯低気圧との関係はどうなっているのでしょうか。

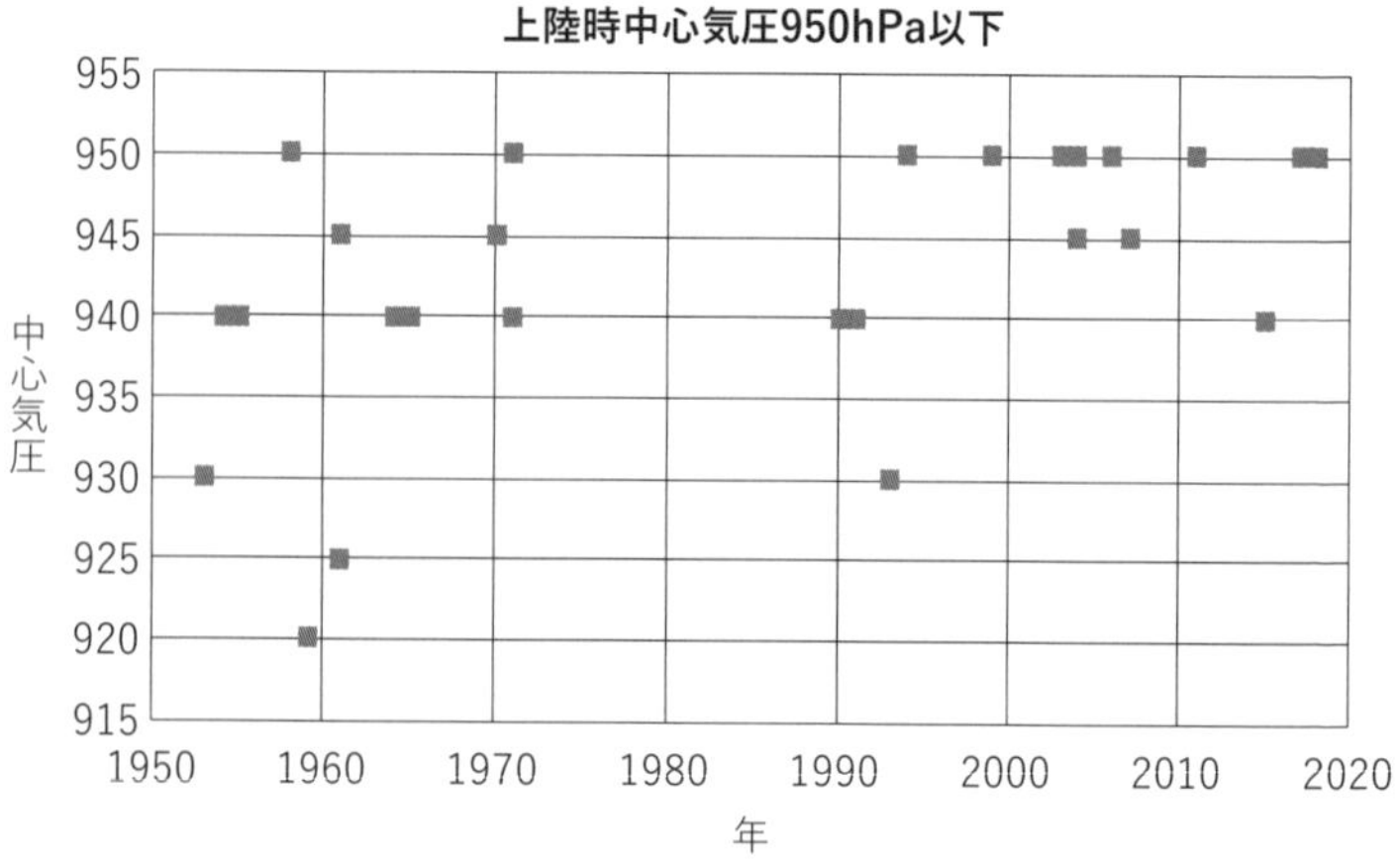

図表3−22　中心気圧950hPa以下で上陸した台風について、上陸年と中心気圧を示した図

（出所）国立情報学研究所「デジタル台風：台風上陸・通過データベース（完全版）」よりデータ利用（http://agora.ex.nii.ac.jp/digital-typhoon/disaster/landfall-full/）

気象庁の資料をもとに国立情報学研究所（ＮＩＩ）は台風上陸・通過データベースを作成しています。これを用いて上陸台風の中心気圧の長期変動を見てみましょう（図表3−22）。この図から、確かに１９５０年代から１９６０年代前半にかけて上陸時９３０ヘクトパスカル以下の台風が３つあります。

このうち、１９５９年の台風は伊勢湾台風、１９６１年の台風は第二室戸台風と気象庁から命名されています。それが１９７１年を最後に、１９９０年まで９５０ヘクトパスカル以下の台風の上陸はありません。

ところが１９９０年以降、今に至るまで、再び９５０ヘクトパスカル以下の台風が数多く上陸しています。このように、上陸する台風の勢力には数十年スケールでの変動がありそうです。

では、1990年以降の状況は、単なる自然変動によるものなのか、それとも「北太平洋西部の熱帯低気圧がその強度のピークに達する緯度が北に移動している可能性が非常に高い。これらの変化は内部変動だけでは説明できない（確信度が中程度）」というIPCCの見解のように、地球温暖化が背景にあるのでしょうか？　重要な状況分析となりますが、台風の長期的な自然変動がどのようにして起きているのかを解明することがまず重要かと考えています。

なお、日本近海の海水温が上昇している事実を踏まえると、強い台風の発生頻度が変わらないとしても、日本に接近上陸する台風の強度が強くなることは覚悟すべきでしょう。

なお、伊勢湾台風と第二室戸台風に加え、気象庁の統計以前ですが、1945年の枕崎台風、1934年の室戸台風がさらにそれを上回る勢力で上陸し、甚大な被害をもたらしていいます。地球温暖化の影響にかかわらず、今よりも強大な台風がやってくる可能性があることは忘れてはなりません。伊勢湾台風クラスの勢力の台風が今後接近した場合、近海の海水温が高いために伊勢湾台風よりも強い勢力で上陸するのでは、といったリスク評価も重要でしょう。

なお、台風の観測手法は時代と共に変わってきています。長期的に台風がどう変化してきているかを示すには難しい面もあります。20世紀の前半は、海上の台風については、船舶や島の観測データに頼っていた時代であり、台風の位置や強度についての精度が今とは比べ物になりません。

時には台風が突然上陸していたということも少なくなく、予報を外した責任を取って、自死した測候所長が何人もいます。第二次世界大戦後、米軍による台風の飛行機観測が始まり、海上における台風の位置や強度の精度が大きく向上しました。ただし、常に台風を観測できるわけではないので、急速に発達したり衰弱したりする台風の変化を、どこまで捉えているかという課題がありました。

その後、静止気象衛星の登場とともに、飛行機による観測は行われなくなりました。静止気象衛星は常に台風を監視できるという強みがある一方、台風の強度については、ドボラック法と呼ばれる台風を取り巻く雲の形状等から、経験的に決める手法となりました。こうした観測手法の変遷により、見かけ上の長期変化が含まれている可能性もあります。

異常気象は温暖化のせいなのか

猛暑や大雨、強い台風や大雪についても、地球温暖化が原因ではないかという報道を目にするようになりました。地球温暖化の進行を身近に感じること自体は、温暖化対策に向けた世論を盛り上げていく観点から重要でしょう。

しかし、あまりにエスカレートした報道だと、逆効果の面もあります。個々の異常気象が地球温暖化の影響によるものなのか、という判断には簡単ではないものもあり、イベントアトリビューション（特定の異常気象に関して、人間活動の影響を評価する試み）という研究として進められています。

そして、異常気象は実際に地球温暖化を原因として増えてきているのかどうか。これについてもイベントアトリビューションの研究の積み重ねを踏まえ、ＩＰＣＣは報告書に記載をしています。そのうち、台風（熱帯低気圧）については、前節で紹介した通りです。

社会に大きな影響を与える異常気象の直接の要因は、これまで述べたような偏西風の蛇行、ブロッキングといった自然変動です。

こうした自然変動が地球温暖化に伴う気候変化と重なることによって、過去にはなかったような現象が発生するという説明で、温暖化の影響が論じられることが増えています。その最新の研究を紹介します。

第2章でアンサンブル予報という手法を紹介しましたが、気候変化の研究でもアンサンブルと呼ばれる手法、データセットがあります。初期値のわずかな違い等から生じる誤差を評価するため、多くの計算結果を束ね、合奏するという意味で、アンサンブルという言葉を使います。気候研究では、初期値から長い時間が経った段階までを分析していきますので、アンサンブルの意味が少し異なっています。たとえば、温室効果ガスが同濃度であっても、自然起因の変動があるため、気候は一意的に決まりません。現在の温室効果ガスの数値を前提条件としても、将来さまざまな気候が実現する可能性があります。

これは今現実に起きている気候は、さまざまなシナリオの中でたまたま実現したものという考え方に基づいています。わずかな初期条件の違いであっても、何年もの間シミュレーションしていくと、大きく異なるシナリオが実現することがあります。もちろん異なるモデルを使えば、それぞれのモデルの特性もあり異なるシナリオが実現します。こうした異なる初期値や異なるモデルの計算結果を多数集めて評価するのがアンサンブルの考え方です。

この仮想的なさまざまなアンサンブルのデータを統計的に分析することで、温室効果ガスの影響と自然変動の影響とを、ある程度切り分け、統計的に評価することができます。

日本列島の平均気温が特定の気温より高くなる確率の計算を考えてみましょう。たとえば、100通りのシミュレーション計算を行って、そのうち2回のシミュレーションでその気温より高くなれば、確率は2%と評価できます。

2022年の6月下旬から7月初めにかけて記録的な暑さを記録しました。東京では9日連続で猛暑日（最高気温35度以上）となり、統計開始以来の最長となりました、群馬県伊勢崎市のアメダスでは、6月25日に40・2度を記録、6月の40度を超える気温は日本での観測史上初となりました。この猛暑に地球温暖化がどう関わっているのか、文部科学省と気象庁気象研究所との共同発表の資料（**図表3－23**）を見てみましょう。

1850年以前の温室効果ガスの量を用いる気候シミュレーションと、現在の温室効果ガスの量を用いたシミュレーションを比較することで、人為起源の地球温暖化の影響を調べることができます。それぞれのシミュレーションを100通り計算することで、自然変動によるゆらぎも評価できます。

日本の上空1500メートル付近の気温について、赤の線は温室効果ガス増加の影響を考慮した場合、青の線は温室効果ガスの増加がなかったと仮定した場合を示します。2022年のこの期間の実際の気温を超える確率は、温暖化がなかったとすると、1200年に1回しか起こり得なかったのが、温暖化の影響により5年に1回まで頻度（確率）が増えていたことがわかります。

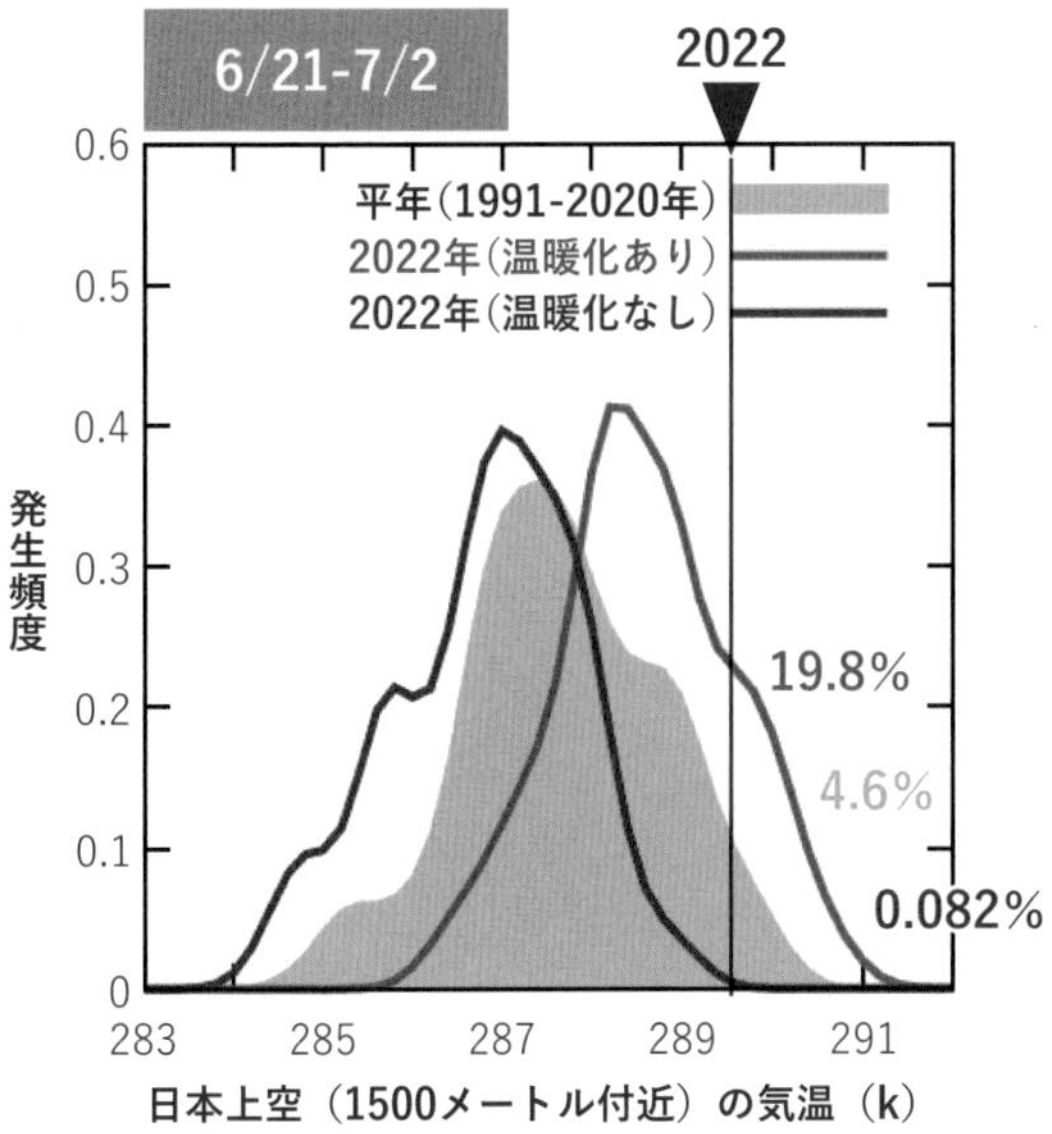

図表3-23　令和4年6月21日から7月2日にかけての高温事例の発生確率

（出所）https://www.mext.go.jp/content/20220906-mxt_kankyou-000024830_1.pdf

2022年の夏は、ラニーニャが発生していて日本付近の気温が高くなりやすく、そ

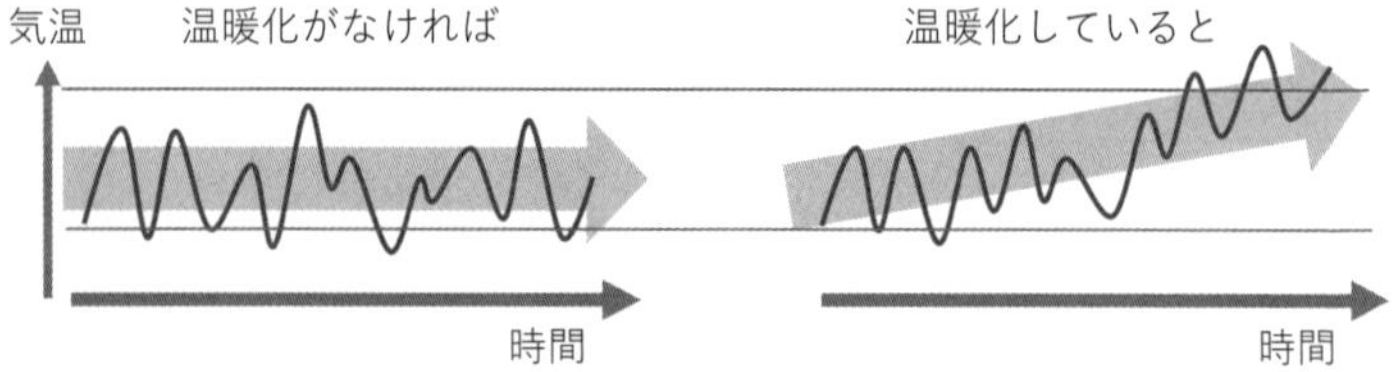

図表3−24　地球温暖化と自然変動が重なり合うことで、異常気象の発生の仕方がどう変わるかを示した概念図

れと温暖化が重なることで、ここまで確率が上昇したと考えられます。

異常気象に温暖化がどう影響していたかという研究では、このように自然変動に温暖化が重なることで、温暖化がなければほとんど起こり得ない現象が、温暖化の影響で確率が大きく上がる、という説明で示されることが多いのです。

もう少し直感的に理解できそうな概念図を図表3－24に示します。気温の変動を示していますが、左のグラフは温暖化が起きていない場合の気温の変動、右のグラフは温暖化が進行する場合の気温の変動を示します。気温の変動自体は自然変動によって発生するとしても、温暖化が進行する場合、高温の異常気象が発生しやすくなり、低温の異常気象は発生しにくくなることがわかります。

記録的な夏の猛暑に対する温暖化の影響は、比較的素直に理解しやすいのではないかと思います。一方、記録的な大雨についても、温暖化による海面水温の上昇や気温の上昇で飽和水蒸気密度が増え、水蒸気量の増加となり、大雨を強化した、と近年の大雨の観測事実から言えるようになりつつあります。

冬の大雪については、日本の多くの地域で最深積雪が減少傾向にあります。温暖化が進んで冬季の気温が上昇することで、降水量は変わらなくても、雨として降ってくる割合が増えれば最深積雪は減少します。ただし、自然変動により強い寒気が南下してくると、冬の日本海の海水温が高いことによって水蒸気量が多くなり、短時間に降る雪の量が多くなる事例も時には発生しています。

特に近年では短時間の降雪量が多くなると、鉄道や道路などへの影響がニュースとして伝えられ、「地球は温暖化でなく寒冷化しているのでは？」という印象を持たれている方もいらっしゃるかもしれません。

最深積雪の減少傾向は、観測統計に表れています（図表3－25）。北日本に比べて東日本の日本海側で減少傾向が大きいのは、もともと冬季の気温が雪か雨かの境目に近かったので、最深積雪量が温暖化に敏感に反応していると考えられます。ただし、冬季の積雪が少なくなる傾向があるとしても、高齢者世帯の増加や生活様式の変化など、降雪に対するリスクが社会的に増加していることは忘れるべきではありません。

それでも、今年、2023年1月下旬は記録的に寒かったのではないかと、跳ね上がった電力料金にも驚いて、そんな感想を抱いた方がいるかもしれません。

そこで長期間にわたる上空の気温データとして、富士山頂の観測数値を見てみましょう。

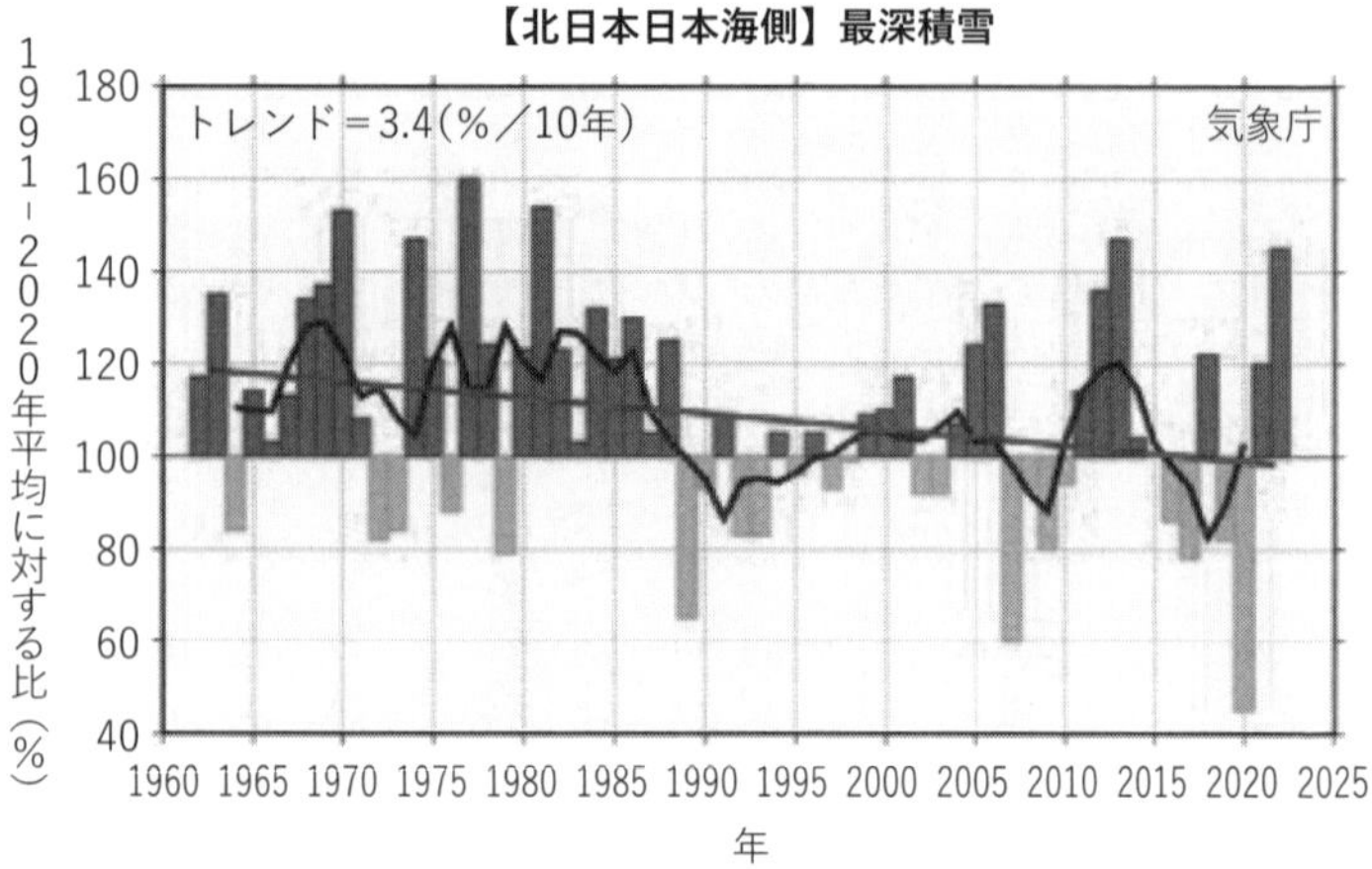

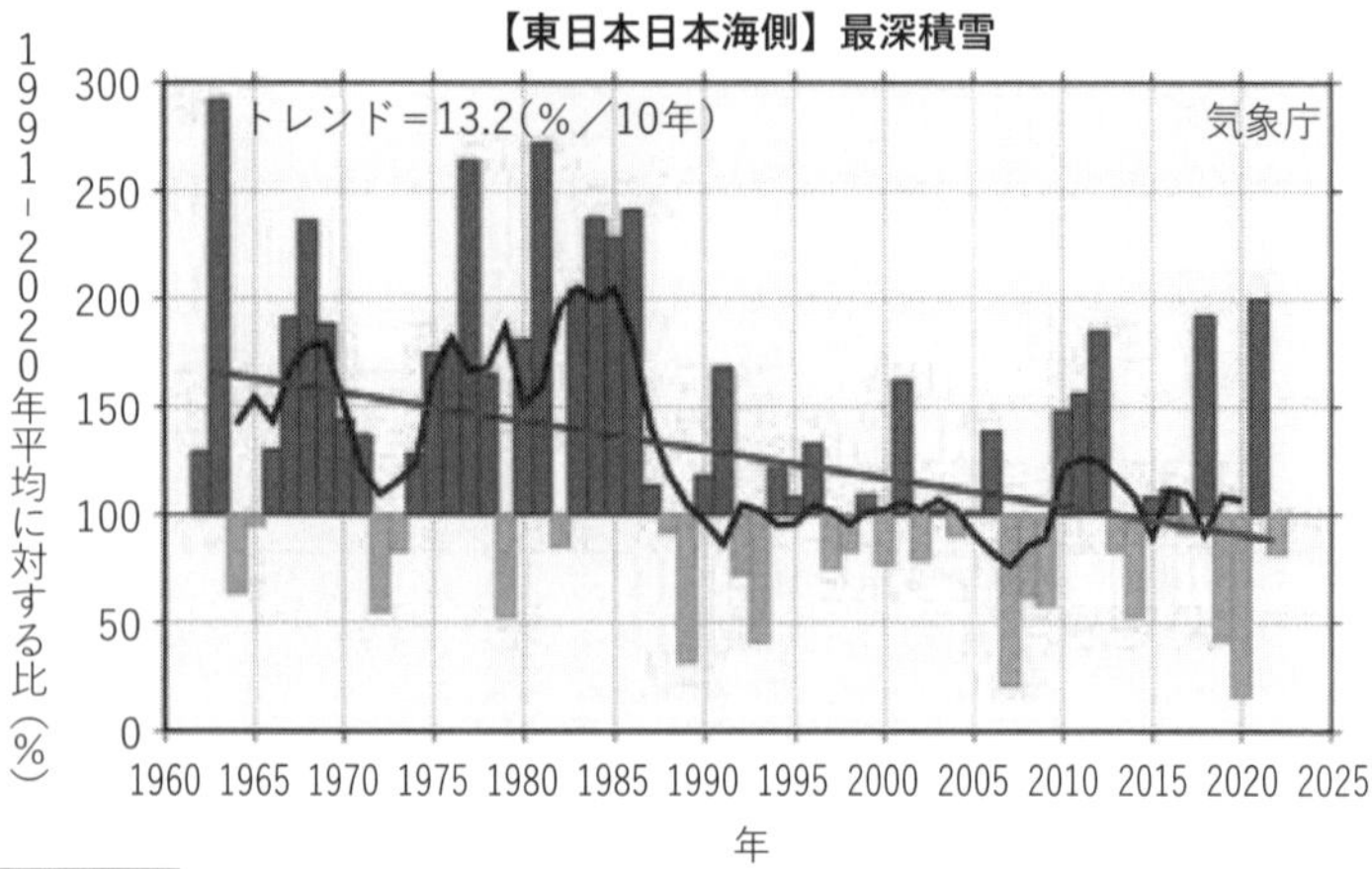

図表3-25

日本の年最深積雪の基準値に対する比の経年変化（1962〜2022年）

（注）上図は北日本日本海側、下図は東日本日本海側。棒グラフは各地域の観測地点での各年の年最深積雪の基準値に対する比を平均した値を示す。緑（黄）の棒グラフは基準値と比べて多い（少ない）ことを表す。折れ線（青）は比の5年移動平均値、直線（赤）は長期変化傾向（この期間の平均的な変化傾向）を示す。基準値は1991〜2020年の30年平均値。

（出所）気象庁気候変動監視レポート2022より
https://www.data.jma.go.jp/cpdinfo/monitor/2022/pdf/ccmr2022_all.pdf

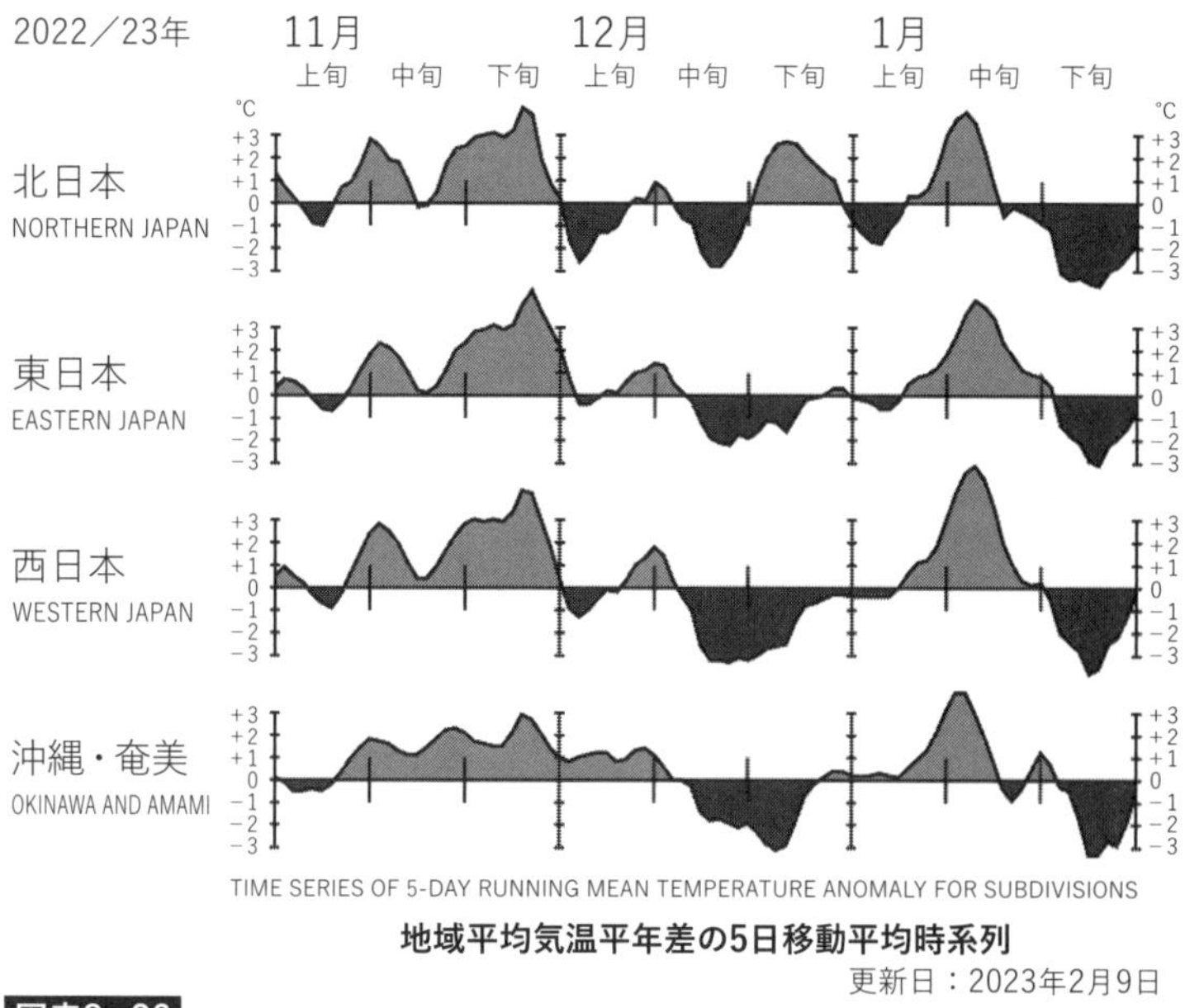

図表3−26

地域平均気温平年差の5日移動平均時系列（2022年11月～2023年1月）

（注）平年値は1991～2020年の平均値。
（出所）気象庁気候系監視速報より
https://www.data.jma.go.jp/gmd/cpd/diag/sokuho/sokuho202301.pdf

２０２３年１月25日には、マイナス36・１度を記録しました。これは過去の有名な豪雪年だった１９６３年の記録よりも低い数値でした。しかし、１月の毎日の最低気温を比べてみると、１カ月のうち、１９６３年よりも低い気温を記録した日は３日だけでした。

図表３−26は、２０２２年11月から２０２３年１月まで、各地域平均の気温の平年差を示したものです。２０２３年１月は中旬に全国的に高温傾向となり、特に東日本では１９４６年の

統計開始以来1月中旬としてもっとも気温が高くなりました。

ところが1月下旬に一転して寒くなり、きわめて寒暖の変動が大きくなりました。こうした顕著な自然変動があり、本来1年の中でもっとも寒い1月下旬に低温の波が重なったことになります。熱帯ではラニーニャ現象が続いており、それが影響していた可能性もあります。

地球全体が温暖化している中でも、自然変動の振幅が大きくなることで、一時的に記録的な寒波がやってくることもありうると思います。なお、2023年1月下旬の上空の天気図については、**図表3－4**で偏西風の蛇行の例として示しています。

記録的な異常気象は、温暖化と自然変動の重なりで発生する場合が多いと述べましたが、賢明な読者の皆さんの中には、温暖化が進むにつれ、自然変動自体への影響はないのか、と疑問を持たれる方もいらっしゃるでしょう。たとえば温暖化の影響で、北極のバレンツ海で海氷が減少し、それが冬のシベリア高気圧や日本付近への寒気の流入にどう影響するのか、といった研究も行われています。今後、温暖化が進行するにつれて、また研究が進展するにつれ、地球温暖化が偏西風の蛇行などの自然変動にどう影響するのか、新たな知見が生まれてくることでしょう。

地球温暖化緩和策と適応策への気象分野の関わり

地球温暖化対策には車の両輪があります。一つは緩和策、もう一つは適応策です。緩和策は、地球温暖化の歩みを緩和しようというもので、代表的な手段は、温室効果ガスの排出削減です。産業界の各部門がそれぞれ目標を持って削減するとともに、住民一人ひとりが節電などに取り組むのも緩和策となります。

もちろん、現代社会ではエネルギーを使わざるを得ない面があります。二酸化炭素の排出削減に寄与する再生可能エネルギーや原子力発電という選択肢もあり、それぞれの国のありようとして、世界各国でエネルギー戦略を進めています。

太陽光や風力などの再生可能エネルギーは、発電量が天候に左右されやすい弱点がありま す。気象の技術はこの大きな弱点を、予測情報によって軽減していく役割を期待されていま す。太陽光発電については日射量の予測、風力発電については、風車高度付近の風の予測精度を、突風なども含め高めていくことが重要です。社会応用に向けて気象学がさらに活躍すべき分野だと考えます。

究極の緩和策と言われるのが、気候工学の手法です。大規模な火山噴火で成層圏にエーロゾルが広がることで気温が低下するという自然現象を、人工的に再現する手法です。たとえば、成層圏に太陽からの日射を長期間遮るようなエーロゾルをばらまく方法があります。人工降雨は干ばつ対策として以前から行われていました。台風を制御する構想も昔からあり、今では実現に向けた研究プロジェクトも立ち上がっています。

一方で、気候工学は地球全体に影響を及ぼす行為であり、副作用や法的な観点も含め、さまざまな課題があります。

緩和策における気象分野の役割としてもっとも重要なのは、緩和策への取り組み状況に応じて気候がどう反応し、人類、国家、地域社会においてどのような利益・不利益が発生するのかを、ＩＰＣＣの活動を軸に、わかりやすく正しく伝えていくことではないかと思います。世界一人ひとりの意識を変え、新たな政策を打ち出し、産業界を含む社会を変えていくためには、サイエンスに基づいて、信頼性、誤差幅などを開示しつつ、正しい知見を共有していくことが重要です。

適応策は地球温暖化が進行することによって生じるさまざまな課題を軽減していく対策です。適応策の基盤となるのが、今後の気候変化の想定です。この部分はまさに気象専門家の役割が大きくなります。序章で述べたＳＤＧｓの目標13がウェディングケーキの土台部分にあることをもう一度思い出してください。この土台のもとで、さまざまな社会的な対策が進められています。

適応策には、気温上昇に伴う農業の栽培品種の改良、変更や、熱中症対策、大雨や高潮の激甚化に備えるための堤防等の防災インフラの強化などがあり、多額の予算が必要なものも少なくありません。

開発途上国では、現在の気候条件下でも干ばつや自然災害への脆弱性が大きく、早期警戒情報等の情報インフラも整っていないところが多くあります。地球温暖化によってもっとも苦しむのはこうした国々であり、先進国は、さまざまな観点からの支援を進めていくことが重要です。

大雨、台風、大雪などさまざまな気象災害と闘ってきた日本は、防災の先進国であり、こうした国際支援の中核に立つことができます。

一方、ローカルに目を転じると、対策の当事者は市町村などの地域です。企業活動においても、マーケット、工場、流通経路など、いずれもそれぞれの部門における気候環境が重要になります。

気候シミュレーションにおいて、計算資源の制約から地球全体の計算を行う場合、数十キロメートル以上の粗い格子で計算します。データを使う側は特定の場所の情報が欲しいので、データ提供側とデータ利用側とのギャップがかなりあります。

特に日本列島では、きめ細かな地形に伴い地域の気候特性も一山越えると大きく異なるということも、少なくありません。そこで、天気予報で用いられる数値予報と同様に、気候シミュレーションについても日本付近に領域を限定し細かな格子で計算をすることが重要になってきます。

また、これまで述べてきたように、気候変動には自然要因の変動やゆらぎも多く含まれています。特に台風や豪雨などめったに起きない現象については、大量の計算結果から確率的に表現する必要があり、アンサンブル計算結果を活用することとなります。

日本付近の高解像度のアンサンブル計算結果としては、産業革命前からの気温上昇を4度と仮定したものとしてd4PDFと呼ばれるデータベースが日本では整備されています。

こうしたデータベースは文部科学省と気象庁の協力により、「気候予測データセット2022」として解説書と合わせて公開、さまざまな社会分野、地域での適応策に活用されています。https://diasjp.net/ds2022/

IPCCについて

最後にIPCCについて、簡単に触れておきます。真鍋等の地球温暖化研究が発展し、地球的規模での対策が必要と考えられるようになり、1988年11月、国連環境計画とWMO（世界気象機関）により気候変動に関する政府間パネル（Intergovernmental Panel on Climate Change：IPCC）が設立されました。

気候変動と訳されていますが、英語ではClimate ChangeがCCという頭文字に反映されてい

図表3−27　IPCCの組織図

（出所）気象庁ホームページより
https://www.data.jma.go.jp/cpdinfo/ipcc/index.html

ます。地球温暖化とそれに伴う気候変動に関する最新の自然科学的知見とそれまで発表されてきた研究成果を評価して報告書にまとめ、地球温暖化防止政策に科学的な根拠を与えることがＩＰＣＣの役割とされています。

図表３−27の通り、ＩＰＣＣには作業部会として、第１作業部会（ＷＧ１：自然科学的根拠）、第２作業部会（ＷＧ２：影響、適応、脆弱性）、第３作業部会（ＷＧ３：緩和）、そして目録（インベントリ）タスクフォース（ＴＦＩ）が置かれています。

ＩＰＣＣの大きな役割は評価報告書を出すことです。これまで第１次から第６次までの６回の評価報告書が公開されました。２００７年にはＩＰＣＣ自体がノーベル平和賞を受賞しています。各国の地球温暖化対策としては、緩和策と適応策を両輪として政策を進めていくべきです。しかし、緩和策については産業活動等への規制が必要で国益にも関わる一方、国際協調なしには大きな効果が得られないことから、国際組織であるＩＰＣＣでは緩和策を軸に進めていくことでよいのかもしれません。

ＩＰＣＣの報告は関係省庁により日本語にも翻訳されています。ＷＧ1は気象庁、ＷＧ2は環境省、ＷＧ3は経産省がそれぞれ中心となって訳文作成にあたり、総合報告書については、これらの省庁に文科省が加わって対応しています。最新の第6次評価報告書については、たとえば、気象庁の次のサイトから入手することができます。

https://www.data.jma.go.jp/cpdinfo/ipcc/ar6/index.html

ＩＰＣＣ報告書本体は大冊ということもあり、和訳がありません。しかし、政策決定者向け要約（ＳＰＭ）は専門外の方々に伝えるための要約で、こちらは和訳があります。第1作業部会については、これよりもやや詳しい技術要約やヘッドラインステートメント（ＨＳ）についても、和訳が公表されています。

英語ではありますが、今回の第6次評価報告書で新たに公開されたサイトとして、「インタラクティブアトラス」（https://interactive-atlas.ipcc.ch/）があります。インターネット上で利用者がさまざまな条件を指定してデータを視覚化することができます。ＩＰＣＣのデータについていろいろと調べてみたい方は、こちらの利用にも挑戦してみてください。

第4章

気象データはどのように作られ、活用されているのか

さまざまな気象データ

気象データの活用について述べる前に、気象データの種類を整理しましょう。気象を研究あるいは業務として向き合っている方々にとっては、当たり前の内容かと思いますが、本書の読者には専門以外の方々が多いこともあり、ここで整理しておきます。

気象の基本は観測データです。気象という自然現象をデータ化するにあたっては、他の自然科学における実験や観測と同様に、観測が基本となります。

観測データをもとに作成された解析データにより、データの利便性は飛躍的に向上します。そして気象をあらかじめ予見してさまざまな対策を打つためには、予測データが必要です。さらに、これらの気象データをもとにデータの統計処理、機械処理を行っていきます。

観測データを分類整理したのが**図表4－1**です。直接観測データは測器が大気と直接触れ合って観測しますので、高精度ですが、空間的な分布を捉えることには限界があります。一方、間接観測データは、精度は劣りますが、空間的な分布を捉えることは得意です。交通機関観測データの特徴は、航空や船舶など民間企業による観測が多いことと場所を移動しながらの観測が多いことです。

気象解析データは、観測データをもとに規則的な格子データにするなど、使いやすく加工されたデータです（図表4－2）。リモートセンシング処理データは、電磁波の情報を気象情報に

データ分類		手法の補足・分類	データの具体例
観測データ	直接観測データ	大気と測器が触れ合いつつ得られるデータ	地上観測、アメダス、ラジオゾンデ
	間接観測データ	リモートセンシング（遠隔観測）とも呼ばれ、電磁波を使って面的に観測する。自然に発生する電磁波を観測するものとセンサーから電磁波を発出して、反射屈折された電磁波を観測するものがある	気象レーダー、静止気象衛星観測、軌道衛星観測
	交通機関観測データ	交通機関自体の目的で観測するデータと気象観測の一環として観測するデータがある。交通機関とともに上空や海上等を移動しつつ観測するのが特徴	航空機観測、船舶観測

図表4−1　気象観測データの分類

データ分類		手法の補足・分類	データの具体例
解析データ	リモートセンシング処理データ	電磁波データから気象要素への変換、スキャンデータから格子データへの変換等	衛星観測データ、レーダー合成データ、直達日射量データ
	複数のデータの組み合わせ処理データ	面データと点データの組み合わせ等、予測データを利用する場合も	レーダーアメダス解析雨量、推計気象分布、解析降雪量、解析積雪量
	4DDA（4次元データ同化）データ	予測を目的とする	数値予報初期値解析
		解析を目的とする	気象再解析、毎時大気解析

図表4−2　気象解析データの分類

翻訳し、使いやすい格子データに変換するなどの加工されたデータです。

直接観測データと間接観測データにはそれぞれ長所・短所があります。この2種類の観測データを組み合わせることで、それぞれの長所を活かし高品質の面的データを作成することができます。その一例は第2章で紹介した解析雨量です。

データ同化は天気予報のために開発された手法ですが、さまざまな観測データを統合化する手法としても使われます。データ同化によって格子解析データを作成することができます。過去の観測データを使って解析すれば、過去の気象状況を知ることができます（気象再解析）。

解析データは、気象が今どんな状況にあるかを知るためのデータです。一方、気象データを読み解き、ビジネスに活用するには、明日明後日の天気がどうなるのか、今年の夏の天候はどうなるのか、温室効果ガスの増加に伴い、50年後の気候がどう変わっていくのか、といった予測が重要です。予測データの分類を図表4－3に示しました。

予測データはどのような原理で作成されているかを知って利用することが重要です。第2章で説明した天気予報と、第3章後半で説明した地球温暖化の予測は、どちらも自然法則に基づくシミュレーションモデルを使っていますが、予測の原理が異なります。

天気予報や季節予報では、初期値をデータ同化によって解析し、それを出発点として天気がどう変化していくかをシミュレーションモデルを使って計算します。

これに対し、地球温暖化予測は温室効果ガス増加のシナリオを与えます。このシナリオがモ

データ分類		手法の補足・分類	データの具体例
予測データ	初期値からの予測データ（初期値問題）	決定論的予測	決定論数値予報、降水短時間予報
		アンサンブル予測	アンサンブル数値予報
	シミュレーションデータ（外力変化）	自然変動を考慮して、アンサンブルを使うのが普通	地球温暖化予測、d4PDF
	ダウンスケールデータ	統計的ダウンスケール	数値予報ガイダンス、機械学習によるダウンスケール
		力学的ダウンスケール	街区モデル、地域温暖化予測（d4PDF）

図表4-3　気象予測データの分類

デルにとっての外力となり、異なる外力に対するモデル結果の応答をみることが、モデルを使う主目的となります。たとえば今世紀末までの、長期間の気候の状況をシミュレーションモデルによって計算し、温室効果ガスの増加がなかった場合の結果と比較するなどの方法で、シナリオに応じた気候変化を評価します。

アンサンブルの意味も異なります。第2章で触れた通り、天気予報のアンサンブルは初期条件のわずかな違いに起因する高気圧や低気圧等の動向の振れ幅を知る手法です。これに対し、温暖化予測のアンサンブルは、異なる気候モデルやさまざまな自然変動の可能性を包含しながら、気候変化の振れ幅を知る手法で、意味合いが異なります。

予測には必ず誤差が伴いますので、データの作成側は、予測の誤差についての情報を開示し、利用側は目的に応じてその誤差をどう判断するかが重要です。

たとえば、同じ降水確率20％でも、ラフな服装で出かける人と着飾って出かける人では、雨への対応が異なります。利用者側は確率的な情報を上手に活用することが大切です。確率的な情報には予測誤差がある中で、できる限りの情報を利用者に伝えたい、というデータ作成側の思いがあるのです。

また、天気予報でも気候予測でも、利用者の多くは自分に関係する地域の情報が欲しいので、なるべくきめの細かいデータを必要としています。粗い格子のデータをもとに、より細かな格子データを作成することをダウンスケールと呼びます。ダウンスケールには機械学習などの統計的な手法とモデルなどを使った力学的手法があります。

どのような原理を使ってダウンスケールしたデータなのかを、利用する立場からも把握しておけば、上手にデータを活用できるようになります。

利用者は、時間分解能や空間分解能の細かいデータを求めています。時間分解能とはそのデータが6時間間隔なのか毎時間隔なのか、あるいは10分間隔なのかということで、空間分解能とは、データが100キロメートル間隔なのか、5キロメートル間隔なのかということです。

たとえば、アメダスによる降水の観測は、約17キロメートル間隔です。国土交通省や都道府県の観測と合わせれば、約6キロメートル間隔となり、きめ細かな観測網となっています。一方で、風や気温の観測は約21キロメートル間隔で、上空の気象を観測するラジオゾンデの観測は数百キロ間隔です。

また、アメダスは1時間や10分といった細かな時間分解能なのに対し、ラジオゾンデは1日2回の観測が基本です。このように生の観測データにはさまざまな時間分解能があり、観測地点分布にも偏りがあり、利用者にとっては使いにくい面があります。

そこで、決まった時間間隔ごとに整然と並ぶ格子解析データを活用します。ただし、このデータは観測データからさまざまな仮定に基づいて作成されているので、観測データほどの精度はありません。また、格子解析データがどんなに細かくても、元の観測データが粗ければ、単に細かく見せただけ以上の情報価値はないことが多いです。

格子解析データの作成手法には、観測点と観測点を内分する初歩的な手法から、モデルを活用した手法、機械学習を利用する手法など、さまざまな方法があります。観測データにも時間空間分解能の違い、空間分布の違い、観測要素の違いなどがあり、これらを統合した解析データが望ましいといえます。

また、刻々と変わる気象は物理法則に従っており、観測がなくても物理法則で推測できる場合があります。このため、物理法則と観測データを統合して解析値を出すデータ同化手法が究極の手法となります。

ただし、データ同化にはスーパーコンピューターを駆使するなど、相当な計算能力が必要で、処理時間がかかります。また、雲の動きなどスケールの小さな現象については、物理法則を使った予測は難しく、簡便な手法で解析データを作成したほうが現実的な場合もあります。解析雨量はその一例です。また、機械学習を用いた研究も活発に行われており、これにより高性能の解析が登場してくることを期待しています。

このように気象データには、さまざまな種類と特性があります。データをより有効に活用するには、データの作成側、利用側のコミュニケーションが必要です。

作成側は、観測データをもとに解析データを作成する手法、誤差の大きさ、利用上の注意点などをできるだけわかりやすく開示していくこと。利用側は、こうした情報を活用しつつ、目的に応じて使うこと。さらに両者をつなぐ役目として気象予報士などの専門家が関わることで、より有効な気象データ活用につながるでしょう。

過去データを活用する「ガイダンス技術」

気象データを活用する最大の目的は、将来の天気を予測し、さまざまな行動の判断に役立てることです。

とは言っても、予測の結果だけに価値があるのではなく、過去データを活用することも重要です。第2章で紹介したように、クリミア戦争では、嵐によってフランスの戦艦が沈没しました。この事故の調査を命じられたパリ天文台長のルヴェリエは、過去の気象データを使って、天気図を描くことで嵐の予報が可能であることを示しました。

たとえば、熱波の襲来によって農作物が被害を受けたとします。まず、気温などその時の気象状況はどうだったのかを調べます。そして、過去に同様の被害があったのか、気象状況はどうだったのか、同じような気象状況はどの程度の頻度で発生するのか、という調査を行います。

これらの結果をもとに地球温暖化の傾向も考慮しながら、将来の熱波による農作物被災の頻度を想定します。そして、暑さに強い品種を開発するなどの抜本的な対策をとるとともに、熱波が予想される際には早めに作物を収穫するなど運用上の対策も具体化します。

過去の事例を使ったシミュレーションを通じ、どんな気象予測であれば、どんな対策を打つのかを決めます。対策をとるにも費用が必要です。予報精度を勘案しながら、対策を打たなかった場合の損害と、対策の費用を想定し、長期的に費用対効果の高い実施判断基準（たとえば気温のしきい値とそれを超える確率の値）を決めていきます。

防災情報においても、過去データを使った調査は重要な技術基盤となります。

防災施設の仕様を決めるには、過去にどのくらいの雨量の大雨が、どのくらいの頻度で発生したのか、水位はどの程度になるのかという情報が大切です。

150年以上継続している観測データはまず存在しませんが、統計的仮定を使って、たとえば300年に一度の確率で起きる大雨の雨量や水位を想定します。

図表4－4は、熊本県人吉市にある、浸水深（過去の浸水時の水位）を示す電柱の写真で

図表4-4　熊本県人吉市に設置された水害時の実績浸水深を示す電柱

す。人吉市は、２０２０年の球磨川水害によって大きな被害を受けました。球磨川水害以前から、この電柱には過去の浸水深を示す標識がありました。しかし、それをはるかに超える水位の浸水になってしまいました。球磨川水害の教訓は、過去50年や１００年程度の最大浸水深を見て、もうそれ以上高いところまで水は来ないだろうと油断しないことだと思います。

気象庁が作成している危険度データ、キキクル（後述コラム参照）は、過去の解析雨量をもとにした土壌雨量指数や流域雨量指数と過去の災害発生状況との関係を調査し、危険度を示すものです。

ビッグデータである数値予報データの活用には、古くから取り組まれてきた気象機関の取り組みが参考になります。

数値予報が誕生した頃、数値予報はあまり使われていませんでした。解像度が粗く大雑把な情報しか得られなかったからです。当時の数値予報は、たとえば千葉県の天気予報に使えるようなものではありませんでした。

これは世界のどの気象当局でも同じでした。低分解能の数値予報が、経験を積んだ予報官による天気図を使った判断を上回ることは難しかったのです。こうしたことから、低分解能の数値予報を使って、きめ細かな天気予報を示すガイダンスの技術が生まれました。

ガイダンスとは、数値予報モデルを使って計算した風や気温などの予測データをもとに、利用者のニーズに適合するデータとして、数値予報のデータよりも高い精度で提供する技術です。ニーズに適合するとは、たとえば利用者が必要な地点の、必要な要素を提供することです。ガイダンスは物理法則に基づいて予測する手法と社会のニーズをつなぐ機能と位置付けられます。

この魔法の箱のようなガイダンスの基本原理を、簡単に説明しましょう（図表4－5）。まず、何を予測したいかを決めます。ここでは、ある地点における気温の予測を例にとります。まず、過去の数値予報データと、過去の気温観測データを取得します。過去の数値予報のデータから、この地点の気温に関係する要素と格子を選択します。次に、過去の数値予報データとその地点の気温観測データの統計的な関係を調査します。統計的な関係が認められたら、数式化します。この関係式がガイダンス技術の基本になります。

社会のニーズは特定地点における明日の気温の予報にあります。最新の数値予報による予測

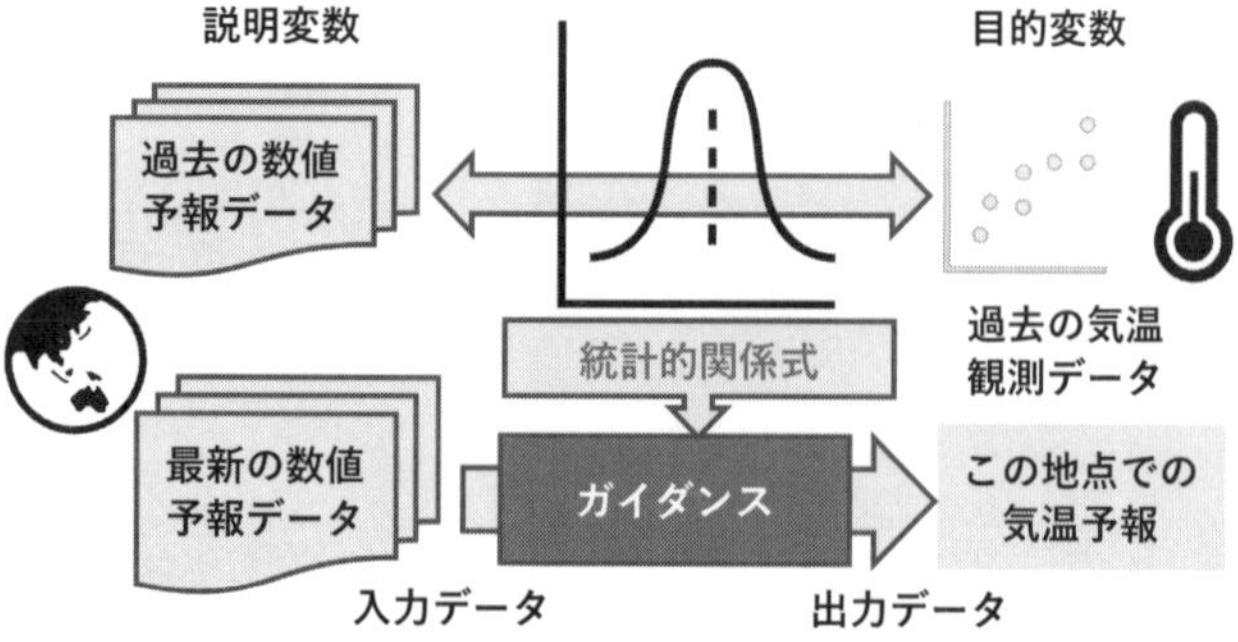

図表4-5　数値予報ガイダンスの概念図

格子データを、統計的関係式に入力することによって、特定地点における気象予測を出力できます。これがガイダンスデータです。

ガイダンス技術では、過去の事例における経験（予報が外れた経験も含む）を学習し、データに反映する仕組みになっています。過去の事例から学習した知見を予測に活かすという点では、機械学習やＡＩにも共通します。

ガイダンス技術で出力可能な情報は、数値予報で扱う変数に限りません。たとえば、飛行機の運航に欠かせない乱気流の予測も、飛行機で観測した乱気流の情報を使って学習することで、ガイダンスとして出力できます。同様に広く社会的ニーズのある雷の予測も、発雷観測データを使って学習することによって出力できます。

さらに、清涼飲料水の売上、太陽光や風力発電の発電量など、社会ニーズに直結するデータについても、

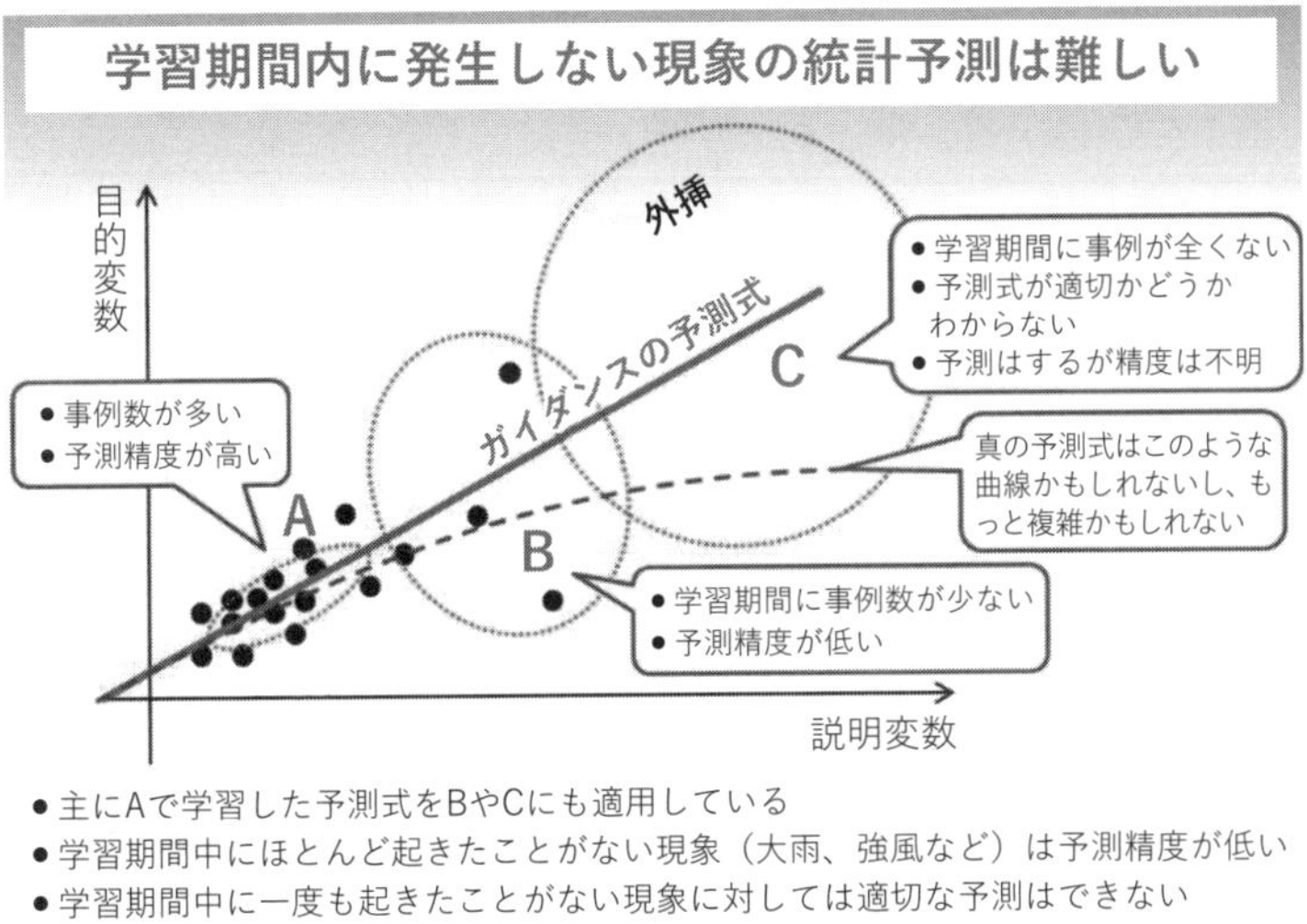

図表4−6　頻度の低い現象についての統計手法の限界

（出所）令和4年度数値予報解説資料集　気象庁より（一部改変）

気象との統計的な関係があれば出力できます。

統計的な関係を求める上で、出力したい地点における過去の実績データが必要です。しかし、過去の実績データは見つけられないけれど、予測データは欲しい、という方がいるかもしれません。

図表4−5で示したガイダンスは、「一括学習型」です。それ以外に日々統計関係を学習しながら予測を行う「逐次学習型」というガイダンス手法もあります。

この場合、新たに観測等を実施する必要がありますが、数週間程度学習すれば、ガイダンスを得られるようになります。気象庁も逐次学習型ガイダンスを長く使ってきました。逐次学習型は学習期間が短いため、頻度の低い現象についてはうまく予測できない弱点がある一方、予報モデルの変更により統計関係式が変わる場合でも、日々の学習を通じ自動的に対応できるという利点もあります。

一方、台風や大雨など頻度の低い現象には、社会的な影響が大きいものが少なくありません。しかし、統計手法が有効なのは、頻度の高い現象です。低頻度の現象になるほど、統計関係式を使った予測の精度が落ちます（図表4－6）。低頻度の社会的インパクトの大きな現象の予測精度を上げるためには、長期間のデータを用いた統計によってガイダンスを作成する必要があります。

ただし数値予報データは、予測精度向上のため毎年のようにモデルが改良されており、均質なデータではありません。時代を遡るほどにデータの性能は劣り、統計関係式の精度に影響してきます。長期間にわたる高品質でかつ均質な数値予報結果を知るためには、過去の観測データと最新の数値予報システムを用いて計算した長期間の再解析データが必要となります。

コラム

過去の災害記録と気象データを組み合わせた「キキクル」

雨量と災害の関係は複雑です。雨量の数字だけを見て、防災対応の判断をするのは容易ではありません。激しい雨が長時間続くと、支流を含む河川流域から雨水が集まってきます。水位は時間をかけて上昇し、堤防を越えて（あるいは決壊させて）川が溢れ、住宅地が浸水します。

山の斜面に激しい雨が長時間降ると、斜面の土壌は水分をたっぷり含むようになり、土壌と水が一緒になって斜面を崩壊させながら土砂が流れ落ち、住宅を襲うことがあります。

どちらの場合も、瞬間の雨量よりも数時間から1日といった期間の雨量を見ることが大切です。河川の場合、同じような雨量でも流域の広さによって危険度は変わります。たとえば利根川のような大河川では、広い河川流域で大雨が1日降り続くと、東京の神田川のような小河川では、1時間でも猛烈な大雨が降れば、洪水の危険が高まります。

土砂災害とは、長い年月を通じ急斜面がなだらかな斜面に変わっていく「風化」というプロセスの一つです。大雨の降りやすい地域では日常的に風化が進んでおり、よほどの大雨でなければ土砂災害は起きません。逆に、大雨が少ない地域では風化は進んでおらず、リスクの高い斜面が多く残っています。大した雨量でなくとも土砂災害が発生する場合があります。

また、大雨災害が多かった日本では、河川防災や砂防施設などの整備が世界的にも高水準で行われてきました。特に大雨の多い地域では、こうした整備が進められており、同じ雨量でも、地域によって災害の起こりやすさは異なります。

このように、雨量だけを見ていては、避難すべきか否かの判断は難しい事情があります。そのため、雨量をもとにして土砂災害や洪水災害との関連の深い指数に翻訳していくことが重要です。

気象庁では、土砂災害については土壌雨量指数、洪水災害については流域雨量指数、浸水災害（内水氾濫、短時間の大雨で低い場所に水が溜まり、道路や住宅地等が浸水する災害）については表面雨量指数を使っています。

土壌雨量指数は、降った雨のうち流れずに地中に残っている分量の目安です。表面雨量指数は、雨水が標高の低いほうに流れ出す効果や、都市部のアスファルトやコンクリートの地面では地中に浸透しにくい効果も入っています。流域雨量指数は、上流で降った雨が河川を流下する効果を取り入れ、洪水の危険度を示します。

災害の危険度はきめ細かな提供が求められているため、1キロメートル格子の解析雨量の時間推移によって、1キロメートル格子の指数を計算しています。解析雨量をより正確に把握する重要性がわかると思います。

前述の通り、大雨の多い地域と少ない地域では、同じ雨量でも土砂災害の起きやすさが変わります。下水道の整備や河川の防災施設の整備状況によっても、浸水害の危険度は変わります。

これらの指数には、こうした効果は入っていません。そこで、各指数と災害の発生状況との対応関係を過去の事例を使って調査します。過去の災害の記録は都道府県が保有しています。その記録と気象庁の過去の解析雨量を用いて、各県の地方気象台が対応関係を調査しています。これによって、地域ごとに指数と災害危険度との対応関係がわかります。

このように、1キロ格子の解析雨量データと地形データ等から指数を計算し、指数と過去の災害の発生状況との対応関係をもとに、1キロ格子単位で土砂災害、洪水災害の危険度を10分ごとに算出します。さらに気象庁では早めの避難を促すために実況の解析雨量だけでなく、雨量予測も活用して危険度情報を作成しています。このデータは避難に関わる市町村や住民の皆さんにも活用してもらえるように、「キキクル」という親しみやすい名前で提供されています。国の防災計画としても、キキクルの5段階のレベルを市町村の避難情報や住民の自主避難の判断に対応させています。

大雨の際には自治体から提供されているハザードマップを確認するとともに、皆さんの地域でのキキクルの状況を監視し、早めに避難などの行動ができるようにお願いします。

このようにキキクルの作成には、気象データとともに災害データが使われています。気象データを他分野のデータと組み合わせて活用するという点でも参考になります。

気象再解析とは

第2章で紹介したスーパーコンピューターで計算を行う数値天気予報は、予報技術の中核です。物理法則に基づくシミュレーションモデルと気象観測データを、データ同化の技術で融合して初期条件を作成し、予測計算を行います。

現在の観測データの代わりに過去の観測データを使って計算すると、過去の気象の数値予報ができます。昔の予報なんて何の役に立つのか、と思われるかもしれません。しかし、過去の観測データをもとに最新の数値予報技術を使えば、長期間にわたる高精度な解析値を得ることができます。

1979年、国際協力により地球の大気を1年間集中的に観測する研究計画（第1回地球大気開発計画全球実験：FGGE）が実施されました。気象衛星を含むさまざまな観測データを統合化し、研究に使いやすい形のデータセットにまとめるため、当時実用化されたばかりの全球数値天気予報の技術をもとに、欧州中期予報センター（ECMWF）と米国海洋大気庁地球流体力学研究所（GFDL）が解析データを作成しました。

地球大気の格子データとして初めて出力された約1年分の解析データは、多くの研究者が使うようになりました。初期値解析データの利用価値が広く認識され、他の年についても同様のデータを利用したいというニーズが高まりました。気象庁でも、数値天気予報で作成している全球解析データが欲しいという要望を受け、オープンリールのテープを使ってコピー作業をしていたことを覚えています。

しかし、数値予報は毎年のように改良され、特性が変わります。ある年の解析と別の年の解析を比較する際に、自然変動の結果なのか、数値予報モデルの違いなのか、区別の難しい面もあります。

そこで、1988年、ECMWFの初代所長だったレナート・ベンツォン教授と米国メリーランド大学のシュクラ教授が、過去の長期間にわたって再解析することを提案しました。90年代に入りECMWFや米国環境予測センター（NCEP）が長期再解析を実施、2000年代以降、気象庁も参入しました。現在では、地球全体の再解析を欧州、米国、日本の三極が担当、その成果は世界中で使われています。

日本における全球長期再解析はJRAと呼ばれています。時代と共により高精度の再解析データを提供していることがわかります（図表4－7）。

まず、JRA－25が110キロメートルの計算分解能で作成されました。数値天気予報の改良に伴い、分解能の向上だけでなく、モデルやデータ同化手法の改良も反映し、対象期間を拡

再解析名称	解析に使用する気象庁全球数値予報システム	モデル水平分解能	解析対象期間	完成時期
JRA-25	2004年4月時点の現業システムに準拠	110km相当	1979-2004	2005年度
JRA-55	2009年12月時点の現業システムに準拠	55km相当	1958-2023	2012年度
JRA-3Q	2018年12月時点の現業システムに準拠	40km相当	1947年9月-現在	2023年度

図表4-7　日本の全球長期再解析

（出所）気象庁ホームページの情報から著者がまとめたもの

大させて新たな再解析（ＪＲＡ－55、ＪＲＡ－３Ｑ）を提供しています。

東京駅からの距離で見れば、ＪＲＡ－25の１１０キロは箱根を越え、静岡県富士市付近。ＪＲＡ－55の55キロは神奈川県茅ヶ崎市付近。ＪＲＡ－３Ｑの40キロは神奈川県横浜市戸塚区付近になります。新しい再解析ほど、きめ細かな計算ができます。それでも、40キロ分解能では、箱根の山は認識できません。

再解析では過去の観測データを入力します。一部衛星データなど処理手法を改善して再処理したデータもあり、それらを使うことで、過去の解析精度を向上させることができます。たとえば、静止気象衛星画像の雲の動きなどから水平風を推算し、「衛星風」という観測データを入力していますが、再解析では再処理データを使っています。

再解析を行うには、昔の紙の記録をデジタル化したり、倉庫に埋もれていたデータを探し出すなど、地味な作業が必要です。このような取り組みはデータレスキュー（救出）

と呼ばれていて、人手の必要な作業が多くあります。

一方、再解析をすれば過去のデータ品質が均等になるわけではありません。第2章の図表2－10で説明したように、観測データは時代と共に変わっています。とりわけ衛星観測データの登場で数値予報の精度が大きく向上しました。

同じ数値予報モデル、同じデータ同化手法を使っていても、観測データの違いで成果物の品質が変わります。長期間の解析値をもとに気候変化を抽出する場合、最近の高度な観測データの影響なのか、本来の気候変化なのか区別がつかないことにもなります。

このため、あえて高度な観測データは使わず、地上気象観測、船舶気象観測、高層気象観測といった古くから実施されているデータ（従来型観測データとも呼ぶ）だけ使って再解析を行うこともあります。

全球再解析の計算分解能は30キロ～40キロのスケールで、細かな地域の気象は表現できません。もっと細かな分解能で計算するには、現在のコンピューター能力では足りないため、地域を限定して解析します。こうした再解析を「領域再解析」と呼びます。

全球再解析は、エルニーニョや偏西風の蛇行といった異常気象のメカニズム解明をはじめ、気象学や海洋学に大きく貢献してきました。一方で、より細かな分解能の得られる領域再解析の役割は、社会に役立てることにあります。

領域再解析は、欧州やオーストラリア、インド等で進められています。日本は最近始まったところで、今は5キロの分解能による計算を進めています。5キロというと、東京駅から田町駅まで、あるいは小田原駅から箱根の入り口に当たる箱根湯本までの距離に相当します。このぐらいになれば、箱根の山を反映した気象もある程度は解析できます。

第3章で、近年降水量などにも地球温暖化の影響とみられる変化が現れていると述べました。私たちの喫緊の課題は、地域ごとの地球温暖化対策を緩和策・適応策の両面から取り組むことです。

将来の気候シミュレーション予測とともに、これまで地域の気候はどう変化してきたのか、最新の技術を使って再現、分析します。地球温暖化の将来シナリオはコンピューター上の仮想的なシミュレーションデータに基づいています。過去から現在までの気象を再現することで得た知見やバイアスを反映させ、より精緻なシナリオを示すことが大切です。こうした取り組みの基礎データとして、領域再解析データが求められています。

また、急速に発展するＡＩによって、気象ガイダンス技術をさらに発展させることも重要です。特に社会への影響が大きい低頻度の気象現象に備えるには、長期間の統計が必須です。そのためにも長期間にわたって高い品質を維持できる領域再解析データが求められます。

全球再解析と領域再解析は「温故知新」という四字熟語を持ち出すまでもなく、過去の事例を整理・分析し、未来に備える基盤データとして重要度が増しています。

コラム

クライムコア（ClimCORE）プロジェクト

日本は米欧とともに全地球再解析を行っています。細かな地形で構成され、台風や豪雨などの激しい気象が起きやすい日本列島では、領域再解析の重要性は高かったのですが、なかなか実施されてきませんでした。

2018年、東北大学と気象研究所の共同研究により、従来型の観測データを用いた5キロメートル格子の領域再解析の研究成果が発表されました。

2020年12月、科学技術振興機構（JST）の共創の場形成支援プログラムとして、領域再解析の実施を軸とする地域気象データ利活用研究プロジェクト、クライムコア（ClimCORE）が立ち上がりました。

東京大学先端科学技術研究センターを拠点とするこのプロジェクトでは、気象庁と東京大学の共同研究により、気象庁の最新の領域データ同化システムと過去の観測データを活用し、5キロ格子の再解析を実施しています。再解析の入力データのうち解析雨量については、1キロ格子の再処理計算を行っています。

解析雨量は2001年まで5キロ格子、2005年まで2・5キロ格子で解析されていました。これをすべて1キロ格子に統一することで、利便性を高め、気候変化の影響の調査に役立てるねらいがあります。たとえば近年、線状降水帯が日本付近で増えているのかどうか、という重要な問いに観測事実から答えるためにも必要です。

陸上では、1万地点を超える雨量計の補正により、解析雨量の精度は一定に保たれています。海上では、レーダーに依存する部分が大きく、異なるレーダー間の空間的不連続などの課題があります。クライムコアでは海上の解析雨量の性能を向上させる計画です。

クライムコアの領域気象再解析は、東北大学の再解析とは対照的に、衛星観測データなども含め気象庁の日々の天気予報で使われているデータを多く使う方針です。

5キロ格子という高い分解能で、データ同化では4次元変分法と呼ばれる計算負荷の高い手法を用いますので、計算速度は1日かけてようやく3日半くらいの解析ができる程度です。一方で、日々の天気予報と同等の解析結果が得られますので、この再解析データを使った研究は、日々の数値予報データの効果的な利用につながります。

図表4－8は、天気予報に使われている5キロ格子の雨量予測精度を示しています。2000年代以降、予測精度は徐々に向上していることがわかります。この精度向上には、①予報モデルの改善、②データ同化手法の改善、③観測データの発展、が寄与していると考えられます。

再解析では、最新のモデルとデータ同化システムを用いることで、2022年現在

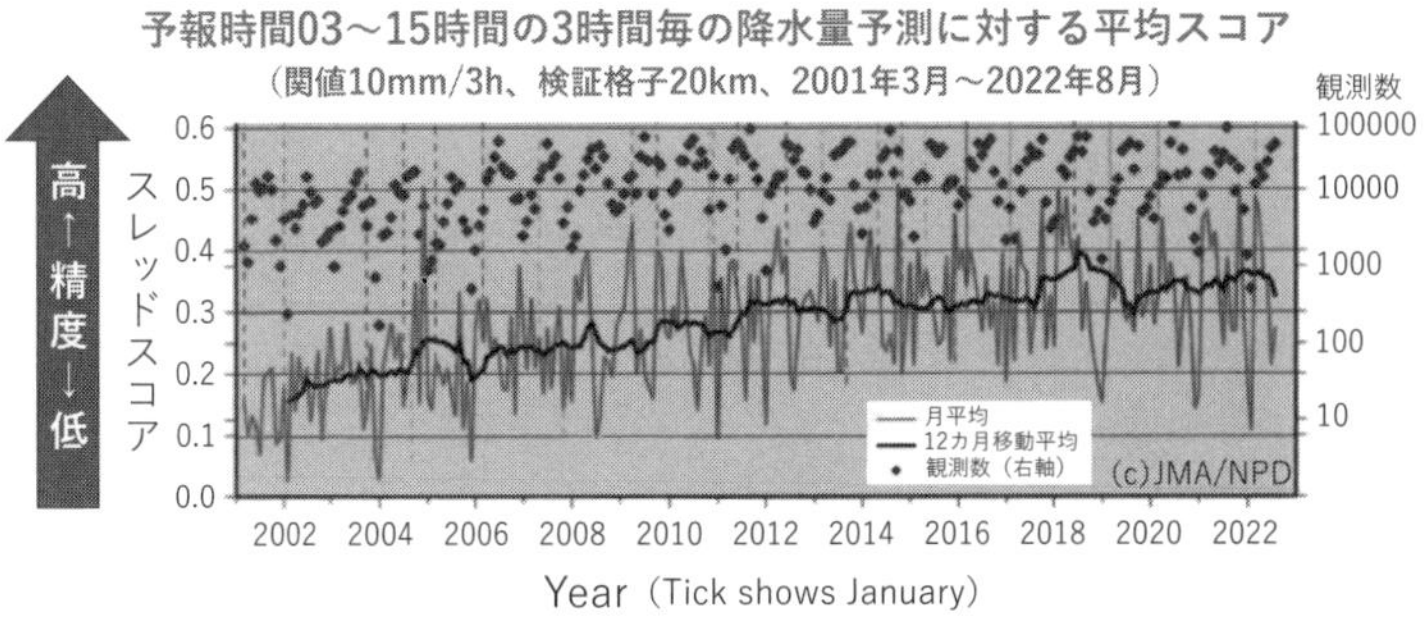

図表4-8　気象庁のMSM（5km格子）予報の精度の推移

（出所）令和4年度数値予報解説資料集　気象庁より（一部改変）

と同等の精度で2000年以降を解析できます。もちろん、過去に存在しなかった観測データは再解析でも使えませんが、過去の一部の観測データについてはデータの品質を向上させて使う予定です。

豪雨災害の多い日本では、解析雨量と領域再解析の結果を組み合わせることで、いままでにはなかったような研究や社会応用が可能となります。この試みは世界初で、日本で成果が上がれば、日本と同様のモンスーン地帯である東南アジアなどでの活用も期待されます。

また、クライムコアではデータ作成とともに、地域の気象データを活用する研究を展開しています。データ作成側とデータ活用側とのコミュニケーションが気象データの有効活用に重要と考えているからです。

交通における気象データ活用

船舶や航空機などの交通分野では、天気予報の発展と共に気象データが活用されてきました。天気図を使った天気予報の原点は、船舶向けの暴風警報でした。交通機関にとって気象情報は、時には人の生命を左右する重要な情報となります。

気象業務法の第七条、第八条、第十四条、第十六条には、船舶、航空機、気象庁の役割、義務が記述されています。第十四条では、「気象庁は、政令の定めるところにより、気象、地象、津波、高潮及び波浪についての航空機及び船舶の利用に適合する予報及び警報をしなければならない」とあります。

気象庁が提供しているプロ向けの地上天気図には、船舶向けの警報が示されています。気象無線模写通報（JMH）という船舶向けの無線ファックス放送では、数値予報天気図や気象衛星画像など、さまざまな図情報を入手できますが、一番の基本は地上天気図です。

インターネットの時代になっても、衛星通信設備を搭載していない船舶は無線放送に頼らざるを得ません。

JMHから放送されるファックス図は、インターネットでも無料で入手でき、気象資料として広く使われています。気象予報士を目指す方々もこのファックス図の読み方を勉強します。

天気図で使われる高気圧・低気圧の速度単位はノットです。風速もノットを使いますし、台風の階級分けの基準もノットです。

たとえば熱帯低気圧が発達し台風に昇格する基準は最大風速34ノット以上です。1ノットは1時間に1海里（1・852キロメートル）進む速さのことです。1海里は、緯度の1分（1度の60分の1）と対応しています。

ノットを使うことで、30ノットの速さで移動している低気圧は2時間で緯度1度分の距離を動くことがわかります。地図上の距離との対応がわかりやすいという利点から、船舶や航空機でノットが使われています。

一方、日本の南海上の気象観測点は島にしかないので、天気図を描くには船舶の気象観測データが必要です。船舶に気象測器を搭載し、観測結果を無線で気象局に伝えることにより、気象局の天気図と予報精度が向上すれば、船舶の安全にもつながります。この仕組みは国際的にも推進されており、日本では気象業務法の第七条により船舶の気象観測とその報告が定められています。このように、天気図や気象業務は海上交通との深い関係のもと発展してきました。

日本を代表する民間気象会社、ウェザーニューズ社設立のきっかけは、1970年1月の低気圧による海難事故でした。同社は船舶の安全に寄与する業務に加え、より経済的な経路選択に資する情報提供というビジネスモデルを発展させ、世界の海上交通サービス情報を提供しています。

海上交通と気象との連携は19世紀から本格化し、20世紀には航空交通と気象との連携が発展しました。航空交通については、上空の、すなわち3次元的な気象状況の把握が重要です。また、高気圧や低気圧なども、地表面付近だけではなく、対流圏や成層圏を含む3次元的な大気が関係してきます。そうした意味で、気象学・気象予報と航空分野は、深い関係を持って発展してきました。

日本のような中緯度地域では、高度10キロメートル付近に強い西風、すなわちジェット気流が地球を取り巻くように吹いています。冬季の風速は100メートル／秒を超えることもあります。一方、飛行機の速度は300メートル／秒程度です。追い風として西風を受けて東に飛ぶ場合と、向かい風として西風を受けて西に飛ぶ場合では、実際の速度は大きく異なってきます。東京と福岡を飛行機で往復されたことのある方は、東京から福岡よりも福岡から東京に向かう飛行時間のほうが短いことを経験されていると思います。

ジェット気流によって飛行時間が大きく変わることが知られるようになったのは、太平洋戦争の最中、米国の爆撃機B29のパイロットが経験したのがきっかけとも言われています。

このジェット気流を利用し、日本軍は風船爆弾を米国に向けて飛ばし、被害を与えたという歴史もありました。

航空会社ではジェット気流の情報をもとに、燃料が節約できるように航路を決めています。また、乱気流によって機体が揺れ、乗務員や乗客が負傷する事態を防ぐため、乱気流の起こりやすい空域を勘案して航路を決め、やむなくそのような空域を通過する際にはシートベルト着用を促したり、客室サービスを中断したりするなどの対応を行っています。特に積乱雲は強い乱気流を伴い、飛行機への落雷の危険もあるので、避けなければなりません。

やっかいな現象として晴天乱気流があります。乱気流自体は目に見えないこともあって、気温や風などのデータをもとに、発生する可能性の高い空域を探したり、他の航空機と情報共有したりして、リスクの低減を図っています。

第2章で触れたように、飛行機のジェットエンジンが火山灰を吸い込むとエンジン停止の危険性があります。大きな火山噴火が起きている際には、火山灰の動向を気象衛星で監視し、風のデータを使い火山灰の広がりを予測する情報提供も国際連携で実施されています。

民間航空機では飛行状況の確認のため、機体に設置したセンサーを使って気温や風を測定しています。これらの情報は、上空気象の観測データとしても貴重です。民間航空会社と気象機関が連携し、数値予報の初期値解析にも使われています。

コロナ禍によって世界の航空便が激減した時期には、これらの航空機を使った気象データが激減し、予測精度への影響が懸念されました。

また、航空機の離発着時には特に気象情報が重要です。飛行機の離発着時には、揚力の確保や減速のために向かい風が望ましくなります。このため風向きの変化に応じて使用する滑走路を変えたり、離着陸の方向を変えたりします。また、雷や降雪、霧も大きなリスクです。空港ごとに特別な気象観測を行って実況を把握し、航空機の運行形態に合わせた飛行場予報を発表しています。

また、向かい風を揚力に利用している飛行機にとって、着陸に向け下降している際に風向や風速が大きく変わると、突如揚力を失って墜落する危険があります。米国で活躍しミスタートルネードと呼ばれた日本人の気象学者、藤田哲也教授は、積乱雲に伴う強い下降気流（ダウンバースト）によって、地面近くで風向きと風速が急に変化、飛行機が墜落する危険を警告しました。

日本の主要な空港では、滑走路付近における風の急変を監視するため、降水粒子の動きをドップラー効果によって把握するレーダー（ドップラーレーダー）を導入しています。

このように航空向けには特別な観測や予報が必要です。これらを実施する経費も大きいために、日本では特別会計を利用した予算措置が取られています。また、海外においても、空港に気象台が設置されている例が多くあります。とりわけ発展途上国では国際的な取り決めで一定のレベルの航空気象業務が要請されていることもあり、航空気象を軸に業務を展開している気象機関は少なくありません。

交通機関としては、鉄道、道路交通などの陸上交通機関もあります。気象業務法第十四条の第二項で「気象庁は、気象、地象及び水象についての鉄道事業、電気事業その他特殊な事業の利用に適合する予報及び警報をすることができる」と鉄道事業は位置付けられています。航空機、船舶向けのような義務規定ではなく、ゆるやかな連携というのが実態です。

台風や大雨、降雪などは気象庁の情報を基本に判断されていると思いますが、鉄道事業者は自ら気象観測を行い、それに基づく運行規制などを適宜気象会社の協力を得ながら実施しています。道路交通については、気象業務法上の位置付けはありませんが、大雪予報の際には、気象庁と国土交通省との共同記者会見で、道路交通向けの警戒を呼びかけたりしています。

航空機と船舶が特別扱いされている背景には、両者の国境を越える交通機関という特性から、国際的な枠組みのもと国際標準ルールが定められていることがあります。そして、航空機と船舶による気象観測は気象サービスの精度向上に重要であり、各国の気象機関が航空交通、海上交通の関係者と連携しながら、それぞれが業務を担っていることがあります。

航空気象については、気象庁ホームページに詳しい解説があります。

https://www.jma.go.jp/jma/kishou/know/kouku.html

気象庁からの具体的な航空気象情報は、以下にあります。

https://www.data.jma.go.jp/airinfo/index.html

船舶向けの情報（海上警報・予報）については以下をご覧ください。

https://www.jma.go.jp/jma/kishou/know/kurashi/umiyoho.html

農業分野の活用

観天望気の時代から、農業においては気象を読むことが非常に重要な役割を果たしていました。農作物の生育には降雨、気温、日照の影響が大きく、暴風、降雹、降雪、寒波、熱波などによる農業災害を軽減する努力が重ねられてきました。

農業分野の気象ニーズには、さまざまな時間スケールがあります。地球温暖化の適応策として品種改良を行うというような、長いスケールの対応がある一方で、今年の夏は暑いのか冷夏になるのか、といった季節予報のニーズがあります。日照量や温度など1週間から2週間程度のニーズもあります。

短い時間スケールとしては、霜が降りそうな場合の茶畑の対策、台風の暴風の前に実施する対策、低温凍結の前に果実を収穫する対策などがあります。

これらの対策にはコストがかかります。対策を打たなかった場合の被害状況や予測精度を勘案しながら判断します。予測精度や予測の幅といった情報を得るためにはアンサンブル予報も重要です。

2020年の一農業経営体あたりの耕地面積は、全国平均が3・1ヘクタール、北海道で30・2ヘクタールです。これは全国平均で180メートル四方、北海道で550メートル四方程度の広さに相当します。

図表2－12が示しているように、数値予報モデルで解像可能なスケールはせいぜい10キロメートル程度なので、農業の現場で必要なスケールには遠く及びません。アメダスの観測も20キロメートル程度です。このため、国立研究開発法人農業・食品産業技術総合研究機構（農研機構）では、農研機構メッシュ農業気象データと呼ばれる、1キロ四方の格子データを整備しています。

もちろん、元の観測データは20キロ間隔程度なので、注意して使う必要があります。コラムで触れたクライムコア・プロジェクトには、農研機構も参加し、高分解能データの精度向上を目指しています。

なお、農業生産と気象との関係についての知識向上と普及を目的として、80年前から日本農業気象学会が活動をしています。この分野に関心のある方は、日本農業気象学会サイトを参考にしてください。

電力分野の活用

気象業務法は第一条で、「気象業務の健全な発達を図り、もつて災害の予防、交通の安全の確保、産業の興隆等公共の福祉の増進に寄与する」とあります。災害の予防が気象の一丁目一番地であることは間違いありませんが、前述した交通安全や農業など産業の興隆に寄与することも謳われています。

さらに、第十四条では気象情報に関係する産業各分野が例示されています。「気象庁は、政令の定めるところにより、気象、地象、津波、高潮及び波浪についての航空機及び船舶の利用に適合する予報及び警報をしなければならない」と、気象庁の情報提供が義務だとしています。第十四条の第二項では、「気象庁は、気象、地象及び水象についての鉄道事業、電気事業その他特殊な事業の利用に適合する予報及び警報をすることができる」と、こちらは義務ではないが、気象庁が関与することが可能とあります。このように鉄道事業と並んで電気事業についても具体的な記載があります。

電気事業は、国のエネルギー政策の基本であり、さまざまな産業分野をインフラとして支えています。２０１１年の東日本大震災や２０１９年の房総半島台風では、多くの方が停電を経験し、電力供給が止まることへの危機意識は共有されていると思います。ここではまず電力の安定供給という観点から、気象情報の重要性を整理してみましょう。

年配の読者ならば覚えていると思いますが、昔は雷雨があるとよく停電になりました。ろうそくや懐中電灯を頼りに、心細い思いで一夜を過ごした記憶があるかと存じます。落雷に対する電力インフラの脆弱性のため、雷に関する情報の重要性は早くから認識されていました。その後、雷の防御技術が向上し、監視システムも全国的に整備されたことから、停電はずいぶん減りました。

電気事業連合会の調査によると、昭和40年代には年間数回は停電していたのが、平成以降急速に減少し、今では数年に1回停電するレベルになっています。近年では、雷よりもむしろ地震や台風に伴う影響が大きくなっています。

一方、戦後の高度成長期以降に顕在化してきたのは、夏季の猛暑に伴うエアコンなどの電力需要の高まりです。電気の安定供給には、需給のバランスをとることが必要です。このバランスが崩れると電気の品質（周波数）が乱れ、発電所が停止したり、大規模停電（ブラックアウト）が起きたりする可能性があります。

需給バランスが崩れて大規模停電が発生した例として、2018年9月6日に発生した北海道胆振東部地震があります。地震によって震源近くの苫東厚真火力発電所の機器の一部が破損し、発電が止まりました。これにより電力需給のバランスが崩れたことで、他の発電所も立て続けに停止、ついには北海道全体で約11時間もの間ブラックアウトになりました。

夏季の日中需要のピーク時に、需給バランスを維持するためには、需要を正しく予測し、それに見合うように火力発電の稼働を計画的に行うことが必要です。需要予測に必要なのは、エアコンの利用量に関係する日中の気温・湿度の予測です。

2003年、東京電力管内では原子力発電所の停止点検が行われたことにより、電力供給が需要に追いつかなくなる可能性が懸念され、供給量と比較して需要量を予測する「でんき予報」を開始しました。これには利用者の協力を得て節電を進めることで、需要のピークを下げる目的がありました。その後、2011年の東日本大震災で電力供給量が低下したことにより、「でんき予報」が復活、その後、同様の取り組みが全国の電力会社管内で展開されるようになりました。

なお、2011年当時、エアコンを止めることによる熱中症の被害拡大への懸念もあり、気象庁では、同年夏から「高温注意情報」の運用を開始しています。その後、記録的な猛暑が続き、熱中症の被害が拡大したこともあって、今日では環境省と気象庁の共同発表による「熱中症警戒アラート」に発展しました。

電力の需給バランスの面では、近年急速に拡大している太陽光発電や風力発電など再生可能エネルギーの課題が顕在化しました。日射の強い5月、6月の晴れた休日には、太陽光発電の大量供給があります。一方、この時期のエアコン需要はそれほど多くないので、需給のバランスを失う可能性があります。このため、九州電力管内などでは、発電業者に電力供給の停止を要請する例が増えています。

これまで需要予測のために気象データが活用されてきましたが、再生可能エネルギーの拡大により、供給予測のための気象データ活用が喫緊の課題です。二酸化炭素排出の削減を目指すためにも再生可能エネルギーの拡大は必須で、そのためには気象データの活用が大きな鍵を握っています。なお、日本気象学会からは『再生可能エネルギーの気象学』(気象研究ノート第247号)が刊行されています。さらに詳しい情報に関心のある方はこちらもご覧ください。

保険の役割

ビジネスにおける気象データの活用というと、データを使って利益を得るイメージがあるかもしれません。しかし、これまで述べてきた事例からわかるように、気象データの活用の多くは気象が原因となる損害を軽減させることにあります。

そうした意味で、重要な役割が期待されているのが損害保険です。保険会社は、さまざまなリスクに対し統計的なデータを使って損害の可能性を評価し、保険料を決めます。利用者は、損害がどこまでカバーされるのかを知った上で、保険料を支払います。万が一、損害が発生した場合には、加入者から集めた保険料から、損害に対する保険金が支払われる仕組みです。

どのような災害で多額の保険金が支払われてきたか見てみます（図表4－9）。第1位は、平成30年（2018年）の台風第21号です。大阪湾周辺では第二室戸台風以来の暴風が吹き荒れ、高潮によって関西国際空港が水没したことは記憶に新しいでしょう。しかし、この台風による犠牲者は14人、9位の平成30年7月豪雨における245人よりもずっと少ない数でした。第4位の、顕著な暴風災害をもたらした令和元年房総半島台風も犠牲者は1人だけでした。このように犠牲者が多く出た災害と、保険金の支払いが大きかった災害は、必ずしも一致しません。人口の多い都市部で暴風が吹けば住宅被害は多くなり、保険金の支払いも増えます。

気象リスクに関わる保険料を決定するには、その気象がどれくらいの確率で発生するのか、

○過去の主な風水災等による保険金の支払い（注1）

	災害名	地域	発生年月日	支払件数（件）（注2）	支払保険金（億円）（注2）			
					火災・新種	自動車	海上	合計
1	平成30年台風第21号	大阪・京都・兵庫等	2018年9月3日～5日	857,284	9,363	780	535	10,678
2	令和元年台風第19号（令和元年東日本台風）	東日本中心	2019年10月6日～13日	295,186	5,181	645	—	5,826
3	平成3年台風19号	全国	1991年9月26日～28日	607,324	5,225	269	185	5,680
4	令和元年台風第15号（令和元年房総半島台風）	関東中心	2019年9月5日～10日	383,585	4,398	258	—	4,656
5	平成16年台風第18号	全国	2004年9月4日～8日	427,954	3,564	259	51	3,874
6	平成26年2月雪害	関東中心	2014年2月	326,591	2,984	241	—	3,224
7	平成11年台風第18号	熊本・山口・福岡等	1999年9月21日～25日	306,359	2,847	212	88	3,147
8	平成30年台風第24号	東京・神奈川・静岡等	2018年9月28日～10月1日	412,707	2,946	115	—	3,061
9	平成30年7月豪雨	岡山・広島・愛媛等	2018年6月28日～7月8日	55,320	1,673	283	—	1,956
10	平成27年台風第15号	全国	2015年8月24日～26日	225,523	1,561	81	—	1,642

図表4-9　過去の主な風水害等による保険金の支払い

（注1）一般社団法人 日本損害保険協会調べ（2023年3月末現在）。
（注2）支払件数、支払保険金は見込です。支払保険金は千万円単位で四捨五入を行い算出しているため、各項目を合算した値と合計欄の値が一致しないことがあります。
（出所）日本損害保険協会ホームページより
https://www.sonpo.or.jp/report/statistics/disaster/ctuevu000000530r-att/c_fusuigai.pdf

どの程度の損害をもたらすのか、という情報が不可欠です。過去30年、50年にわたる統計から確率を評価することが重要ですが、これからは地球温暖化による影響を加味して評価することも必要となるでしょう。

また、気象データには確率的な意味を含むものもあります。日々の天気予報で耳にする降水確率がそうですし、アンサンブルも、多数のシナリオから平均や確率分布を示す技術です。たとえば100例の予測結果をもとに平均はどうなのか、24時間の雨量が200ミリを超えるのは何例あり、何%なのか、ということを見ていきます。

アンサンブルでよく議論になるのは、「確率がわかるのはいいことだけれども、それを利用者にどのように伝えるのか」です。降水確率も、気象庁が発表を始めてから定着するまでに、長い年月がかかりました。

保険には、確率的なデータを保険料に翻訳する機能があります。利用者の側も、確率の数字より保険料の金額のほうがわかりやすい面があると思います。

災害リスクという意味では、気象だけでは決まりません。河川、標高、地質、地形など、さまざまな要素が絡みます。最近ではハザードマップが普及し、特定の場所の災害リスクがわかるようになっています。もっとも、ハザードマップに示されている事態はめったには起きません。「この土地に何十年も生活してきて何もなかったから大丈夫」と安心している方も少なくありません。それぞれの地域のきめ細かな災害リスクを理解する上で、災害保険の保険料が災害リスクに応じて差がつくと、わかりやすくはなります。

地球温暖化の適応策として、災害激化への対応が重要になってきています。安全・安心なまちづくりを旗印にリスクの高い地域から住み替えることも大切です。しかし、住み慣れた土地から離れる抵抗感、資金や就業など、実行するにはさまざまな課題があります。

早めの避難行動を取った場合に自宅被災に対する保険金を上乗せしたり、自治体の防災への取り組みに応じ保険料率を変更するなど、保険の仕組みをうまく使ってインセンティブを働かせるのも一案だと思います。

近年再び増えてきた気象災害

ここで過去から現在に至る気象がもたらした大きな災害を整理してみましょう。図表4－10で『内閣府防災白書』の中にある「自然災害による死者・行方不明者数」の統計を見てみます。大きな災害が発生すると、「過去に経験のない災害」と表現されることがあります。昭和20年代には毎年のように4桁を超す自然災害の犠牲者が出ていました。その後、昭和50年代まで、3桁の犠牲者が出た年が何度もありました。平成の前半には、地震津波災害を除けば2桁以下の犠牲者だった年が普通でした。ところが、平成後半から令和にかけては、風水害で時折3桁の犠牲者を出すようになりました。

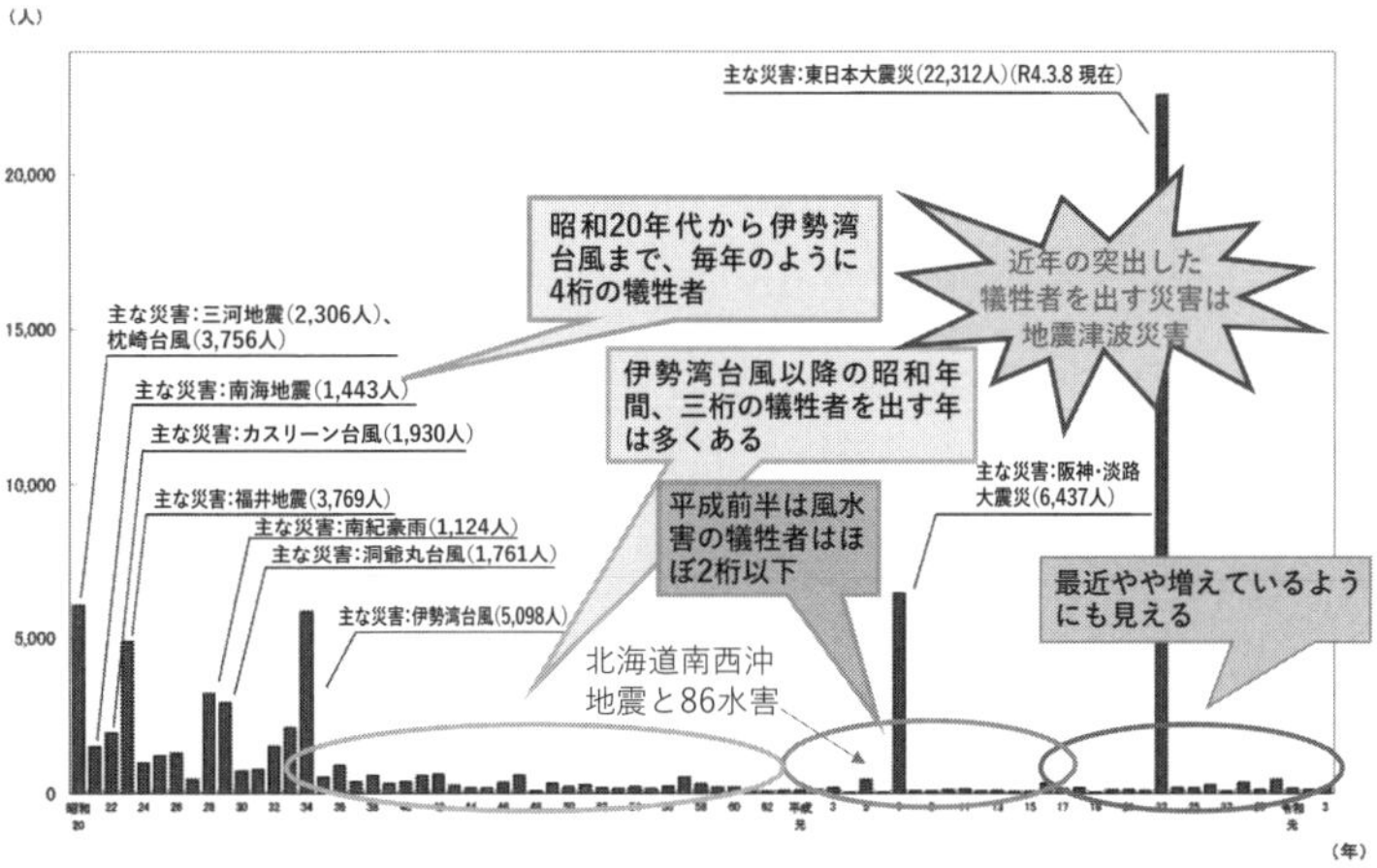

図表4－10　昭和20年以降の自然災害による死者行方不明者の数

（出所）令和4年　内閣府防災白書　に一部加筆
https://www.bousai.go.jp/kaigirep/hakusho/r04/honbun/index.html

災害は気象だけで決まるものではなく、地形、地質、社会構造などの組み合わせで発生します。必ずしも犠牲者が多かった時期に激しい気象現象が多く発生していたわけではないことを前提に、**図表4－10**を見てください。

昭和の3大台風（室戸台風・枕崎台風・伊勢湾台風）では、それぞれ4桁の犠牲者が出ました。室戸台風では、登校直後に暴風が突然やってきて、木造校舎が倒壊し、生徒や教師に多大な犠牲者が出ました。この災害をきっかけに、木造校舎の鉄筋化をはじめとするハード面の対策と、台風接近時の学校の休校措置などソフト面の対策が進みました。

3大台風とほぼ同等の勢力だった1961年の第二室戸台風の犠牲者は200

人程度で、大きく減りました。伊勢湾台風の2年後に発生したこともあって、気象情報をもとに高潮危険地域から避難するなどの災害対応が整然と行われました。

その後堤防やダムの整備、砂防施設の整備などさまざまなハード面の整備とともに、気象情報の改善、避難情報の整備などソフト面の対策によって、被害を大きく減らした時期がありました。

2004年は新潟・福島豪雨、福井豪雨に加え、10個の台風が上陸しました。このうち台風第23号では100人近い犠牲者を出し、近年にはない台風災害となりました。2011年の台風第12号では大雨に慣れているはずの紀伊半島で、100人近い犠牲者を出しました。

2018年7月に発生した西日本豪雨では、犠牲者は200人を超えました。災害対策が進んできたにもかかわらず、こうした被害が続いたことに、私自身大きな衝撃を受けました。同年9月には、台風第21号が大阪を襲いました。第二室戸台風以来の高潮となり、関西国際空港の一部が水没しました。

2019年9月には、房総半島に上陸した台風が電力網に壊滅的な被害を与えました。同年10月の東日本台風では、新幹線基地の水没をはじめ広域的な被害となり、再び3桁の犠牲者を出しました。さらに2020年7月の豪雨は球磨川流域に壊滅的な被害をもたらし、全国で86人の犠牲者が出ました。

こうした自然災害の動向を踏まえ、防災に関わる官庁では前述の「キキクル」をはじめ、避難の判断に役立つ情報の充実を進めています。防災には自助・共助・公助の3本立てが重要です。公助だけでできることには限界があり、住民は気象情報を使って迅速に動くためにどうすればいいのかという問題意識のもと、さまざまな取り組みが始まっています。企業にとっても、気象情報を活用しリスクを低減する取り組みが重要になっています。

近年、熱中症の被害も増えてきています。2018年は豪雨の直後に猛暑となり、熱中症の犠牲者が豪雨の犠牲者よりも一桁多くなる事態となりました。「災害級の暑さ」が2018年の流行語大賞にノミネートされました。東日本大震災後の電力危機をきっかけに、気象庁は「高温注意情報」の発表を始めました。その後、環境省が開発した「暑さ指数」を使って、「熱中症警戒アラート」を開始しました。

防災対策や熱中症対策は、応急対応だけでなく、危険地域から安全地域への住み替え、風の通り道を確保するまちづくりなど、都市計画として長期的に取り組んでいくことも重要です。防潮堤の強化や都市計画の見直しなどは、高額な費用がかかり、いざ実行しようとすると社会的にさまざまな課題に直面します。地球温暖化緩和策・適応策双方の課題を比較しながら、最適な政策を選択していくことが求められています。

気象庁は防災官庁として、24時間365日、自然現象を監視しています。政府・自治体・企業の防災対応の始まりは、気象庁の情報発信である場合が大半です。気象庁は少しでも早く異変を察知し、関係者に説明できるようにしています。

シフト勤務の職員は正月も夜間も関係なく監視や情報提供にあたっていますし、緊急時には管理職を含め速やかに気象庁や官邸、国土交通省に参集する体制もできています。徒歩圏内に居住し、圏内を離れる際には代理を立て、風呂に入る時も携帯電話を手放さないといった努力を続けています。

これは、地方の気象台も同様で、県庁への参集、地元メディアへの説明、自治体首長へのホットラインなど、地域の防災態勢をスタートさせる役割を担っています。

気象情報をどう伝達するか

情報やデータは、作成するだけでは役に立ちません。情報やデータを必要としている人に伝えることで初めて社会の役に立つのです。

特に警報など防災気象情報は、一刻も早く確実に伝達することが求められています。気象業務法第十五条には、気象庁は、警報発表したときに、都道府県、警察、消防、NTT、NHK等に通知する義務が規定されています。さらに、都道府県等の機関には市町村に伝達する努力義務を課し、NHKについては放送する義務を負わせています。船舶や航空機向けの情報については、国土交通省や海上保安庁の機関に伝達し、航空機や船舶に周知する努力義務を課しています。2013年から運用開始された特別警報については、さらに一段上の伝達義務を気象庁外の機関にも課しています。

気象業務法の第一条（目的）には、災害の予防（安全・安心）、交通の安全、産業の興隆への対応が示されています。この産業の興隆のための気象データの提供として「気象業務支援センター」から報道機関や民間気象事業者等への伝達ルートがあります。

天気予報の自由化に伴い、気象庁の持つ観測データや数値予報データ、気象庁発表の警報、天気予報、気象情報等を、利用者が提供経費を負担する形で入手できる仕組みが始まりました。これらのデータを基本として、民間の天気予報が支えられており、各産業界でも活用されています。

最近では、スマートフォンのアプリを通じた気象情報の活用が進んでいます。こちらもさまざまな事業者が気象データや気象情報を利用者目線で見せる工夫をしています。たとえば、コラムで取り上げたキキクルは、1キロ格子で避難などの判断に使う情報であり、マスメディアで伝えきれない細かな情報をスマホアプリなどのマイクロメディアが伝えています。

SNSは情報拡散力が強いので、台風接近時などには有効なツールです。一方で、デマ情報が拡散しやすくなるという弊害もあります。デマ情報防止のみならず、命を守る情報については社会混乱を避けるため、気象業務法の第二十三条には、「気象庁以外の者は警報をしてはならない」（警報の制限）という規定があります。

気象庁の天気予報と民間の天気予報

気象庁とともに民間気象会社も情報を発信しています。気象に限らずさまざまな分野で、国と民間会社は役割分担のもと業務を行っていますが、国民の貴重な税金を用いて行う業務と、対価を受け取ってサービスを展開する民間業務との役割分担を解説します。

税金で支えられる気象業務の原点は、国民の安全・安心を自然災害から守ることです。これは暴風警報の発表を目指し、気象観測や通報などの制度を整備していった気象庁の原点でもあります。

1952年、法律で気象業務を位置付ける「気象業務法」が制定されました。気象業務法は、気象庁が国として自ら実施すべき観測・予報・情報伝達とともに、気象庁以外の組織などの役割も規定しています。

このうち、気象庁以外の組織が予報を行うことについては、気象業務法の制定当初から「予報業務の許可」（第十七条）という規定がありました。ただし、許可の内容は、テレビなどでは気象庁の予報解説程度で、気象庁と異なる予報を伝えることについては、「特定向けの業務」に限定されていました。

この特定向けの業務としてよく知られていたのは、東京の後楽園球場の弁当販売業者向けの天気予報です。当時、観客向けに大量の弁当を用意したのにもかかわらず、試合が雨で中止になって無駄になることがよくありました。気象庁の天気予報は、後楽園球場のような狭いエリアを対象にしておらず、試合が延期や中止になるような天候基準なども示していません。

１９８０年代になると、気象庁を定年退職した倉嶋厚さんがＮＨＫ「ニュースセンター9時」の天気予報コーナーで人気を博すなど、気象キャスターが注目されました。天気予報コーナーは前後の時間よりも視聴率が高いため、テレビ局としても重視するようになっていました。もっとも、気象キャスターは、気象庁の天気予報と異なる予報を出すことは許されておらず、あくまで気象庁の予報の範囲内の解説でした。

１９９０年代以降、第2章で述べたように、数値予報の精度が著しく向上し、計算結果についての大量のデジタルデータ提供が可能になりました。こうした背景のもと、政府は天気予報の発表を気象庁以外にも解禁、天気予報に関わる専門家の拡大を図る方針を打ち出しました。

これを契機に、気象庁のさまざまなデータを利用者負担で提供する仕組みと、天気予報への信頼感を維持するため、気象技術者に一定の専門知識を求める国家資格、「気象予報士」制度が始まりました。

１９９３年の気象業務法の一部改正により、その翌年「気象業務支援センター」が設立されました。気象予報士試験の実施は受験料で、データ提供業務はデータ利用者からの負担金という形で運営されています。

気象予報士制度の誕生に伴い、民間でも一般向けの予報業務を行うことが可能になりました。気象予報士になるには、学科試験と実技試験からなる気象予報士試験に合格しなければなりません。合格率は5%前後という狭き門ですが、2023年4月現在、全国で1万1690人の方が気象予報士として登録されています。

気象庁がさまざまな観測を行い、そのデータを国際的にも交換するには、大きな予算と国際協力が必要です。この仕組みは19世紀のクリミア戦争をきっかけにスタートしたことは第2章で述べました。収集された膨大なデータをスーパーコンピューターによって処理し、数値予報のプロダクトを作成します。ここでも予算と大勢の優秀な開発スタッフが必要です。

気象庁など各国の気象機関は、さらに台風情報や警報など、国民の命を守るための情報を作成、関係機関、国民に提供します。情報提供などに使われる素材データや気象情報は、気象業務支援センターを通じて民間事業者に提供され、民間事業者はこれに加えて独自のデータも活用しつつ、利用者目線の商品を企画し提供することで、気象ビジネスが成り立っています。

防災は国の基本的な責務でもあり、防災を支える気象情報は国が作成・提供しています。また基盤的なデータはなるべく大きな枠組みで作成する（多くの観測データを入力し、高度な数値予報モデルとデータ同化システムを使って処理する）ことで、高精度な基盤データの作成が可能となります。データを活用する民間や、官民のサービスを受ける国民にもメリットが大きくなります。コストの観点では、ＥＣＭＷＦなど他国のデータに依存するのが得策なのかもしれませんが、気象情報は安全保障上も重要ということを忘れてはなりません。

なお、気象予報士制度ができたので、民間がなんでも予報していいかと言えばそうではありません。気象業務法の第二十三条には、気象庁以外の者は、気象、地震動、火山現象、津波、高潮、波浪及び洪水の警報をしてはならない、という条文があります。

これは災害対応においては、単一の発信元からの責任と一貫性を有する情報提供（シングルボイス）が重視されているからです。もっとも、近年は災害対応の多様なニーズに応えるための情報提供も求められるようになっています。2023年には気象業務法と水防法が改正され、気象業務法第十七条（予報業務の許可）のもと、民間事業者は土砂崩れや洪水の予報を行えるようになりました。

シングルボイスの重要性は変わりませんが、こうしたきめ細かな民間の情報提供が気象庁の警報を補う情報として防災に役立つことを期待しています。

気象庁の基盤的なデータをもとに、利用者のニーズを踏まえた最適なプロダクトを提供していくのが民間の気象ビジネスの役割です。地球温暖化の進行もあって、気象データや気象情報のニーズは自治体、企業から住民に至るまで、拡大してきています。

2017年、気象分野における産学官の連携を進めるため、気象ビジネス推進コンソーシアム（WXBC）が設立されました。2023年2月現在、法人会員だけで500を超え、気象ビジネスへの関心の強さが表れています。WXBCでは、気象庁が事務局となって、気象ビジネスの人材育成やマッチングイベントなどを活発に行っています（https://www.wxbc.jp/）。

謝辞

本書の図表の多くは気象庁のものを使わせていただきました。私は定年退職までの36年間、気象庁において数値予報モデルの技術開発から防災や航空分野への社会応用、観測や気象研究に至るまで、仕事をしてきました。そうした中で、さまざまな専門家から多くの知見を得ることができました。引用した図表関連の説明はもちろん、とりわけ第2章はこれらをもとに書き下ろしています。この場をお借りし、気象庁とそこで出会った方々に感謝いたします。

また、定年退職後、東京大学の先端科学技術研究センターでは、中村尚教授、小坂優准教授といった世界的な気候変動科学の研究者のもと、さまざまな議論に参加させていただき、当該分野の最新科学における学識を深めることができました。特に、中村教授をプロジェクトリーダーとして立ち上げられた科学技術振興機構（ＪＳＴ）の共創の場形成支援プログラムの研究プロジェクト（クライムコア）については、本文でも解説している通りです。多くの方々との議論を通じて得た知見は、本書の基本構造になっています。中村教授をはじめプロジェクトに関わる方々、そしてプロジェクトを支えていただいているＪＳＴの関係者に感謝申し上げます。

最後に、本書の執筆を提案いただき、ビジネス読者の視点で粘り強くコメントをいただいた編集の桜井保幸さんに感謝いたします。

おわりに

本書では気象学の基礎の基礎から気象データの活用まで、基本的な知識がない方を対象に、数式を使わずに述べてきました。それでも、天気図から数値予報、気象災害、異常気象、地球温暖化、再生可能エネルギーなど、気象に関わるさまざまな話題を取り上げることができました。一方で、この小書で気象のすべてを詳しく語ることは難しく、また、一部やや理解が困難な内容があったかもしれません。この本をきっかけに皆さんの気象への関心が深まり、さらに学習していただければと思います。

地球温暖化の緩和策と適応策、さらに適応策の一つに位置付けられる気象防災、いずれも我が国が国策として進めていくべき大きなテーマです。もちろん、気象分野だけで解決できるものではありませんが、ＳＤＧｓのウェディングケーキ図の土台として、気象の情報はさまざまな分野の課題解決に重要な役割を果たすようになっています。

本書を読んで気象の重要性がよくわかったので、自分も気象の仕事に関わってみたいという方がいらっしゃればうれしく思います。そうした方には、一つの目標として気象予報士資格に挑戦することをおすすめします。試験は1年に2回（夏と冬）開催されます。学科試験と実技試験があります。合格率は約5％という狭き門ですが、時には小学生も合格しています。気象予報士試験を受験してみようという方は次のサイトを参照ください。
http://www.jmbsc.or.jp/jp/examination/examination.html
また、ビジネスなどで気象情報を活用していきたいという方向けに、気象データアナリスト育成講座という講座があります。気象庁認定の具体的な講座についての情報も掲載しています。
https://www.jma.go.jp/jma/kishou/shinsei/wda/index.html

以下では気象を深く理解するために、特に重要な参考文献とインターネットサイトを列記しました。気象予報士試験の勉強にも役立ちます。本書の執筆においても、これらは大変参考になり、多くの図表を転載しました。ここに謝意を表したいと思います。

参考文献・サイト

『気象庁数値予報解説資料集』
https://www.jma.go.jp/jma/kishou/books/nwpkaisetu/nwpkaisetu.html
『気象庁季節予報研修テキスト』
https://www.jma.go.jp/jma/kishou/books/kisetutext/kisetutext.html
『日本の気候変動２０２０』
https://www.data.jma.go.jp/cpdinfo/ccj/index.html
気象庁ホームページ
https://www.jma.go.jp/jma/index.html
『ＩＰＣＣ第６次評価報告書（ＡＲ６）』
https://www.data.jma.go.jp/cpdinfo/ipcc/ar6/index.html
『一般気象学　第２版補訂版』小倉義光著、東京大学出版会、２０１６年
『図解説　中小規模気象学』加藤輝之著、気象庁、２０１７年、
https://www.jma.go.jp/jma/kishou/know/expert/pdf/textbook_meso_v2.1.pdf

隈 健一（くま けんいち）

元・気象研究所長。東京大学先端科学技術研究センター シニアプログラムアドバイザー。1983年、東京大学大学院理学系研究科修士課程修了。同年、気象庁入庁。2009年、予報部数値予報課長、14年、福岡管区気象台長、16年、気象庁観測部長、17年、気象研究所長。19年、気象庁を退職。20年から科学技術振興機構（JST）の共創の場形成支援プログラム（COI-NEXT）のもとで、ClimCORE（地域気象データと先端学術による戦略的社会共創拠点）を推進中。監修書に『こども気象学』（新星出版社）がある。

ビジネス教養としての気象学

2023年9月6日　1版1刷

著　者　隈 健一
　　　　©Kenichi Kuma, 2023
発行者　國分 正哉
発　行　株式会社日経BP
　　　　日本経済新聞出版
発　売　株式会社日経BPマーケティング
　　　　〒105-8308　東京都港区虎ノ門4-3-12
印刷・製本　シナノ
装　丁　藤田美咲
ＤＴＰ　マーリンクレイン

ISBN978-4-296-11697-3　Printed in Japan

本書籍に関するお問い合わせ，ご連絡は下記にて承ります。
https://nkbp.jp/booksQA